Verständliche Wissenschaft Band 107

Werner Braunbek

Einführung in die Physik und Technik der Halbleiter

Mit 66 Abbildungen

Springer-Verlag

Berlin · Heidelberg · New York 1970

Herausgeber der Naturwissenschaftlichen Abteilung
Prof. Dr. KARL v. FRISCH, München

Dr. Ing. W. BRAUNBEK
em. Professor für Theoretische Physik
an der Universität Tübingen

Umschlagentwurf: W. EISENSCHINK, Heidelberg

ISBN-13: 978-3-540-05033-9   e-ISBN-13: 978-3-642-95172-5
DOI: 10.1007/978-3-642-95172-5

Vorwort

Die Idee zu diesem Büchlein entstand aus einer Reihe von sechs Vorträgen, die ich im Frühjahr 1968 im Südwestfunk gehalten habe. Da jedoch die Bedürfnisse für ein Buch von denen für eine Vortragsreihe beträchtlich abweichen, kam eine einfache Umarbeitung der Vorträge nicht in Frage, es mußte vielmehr etwas Selbständiges entstehen.

Gewahrt bleiben sollte aber, trotz eines vermehrten Umfangs und damit der Notwendigkeit, weit mehr in Einzelheiten zu gehen, die Verständlichkeit für einen möglichst großen Kreis. Ich habe deswegen auch im Buch mit Ausnahme von ein paar ganz primitiven Formeln auf mathematische Hilfsmittel verzichtet und mich bemüht, überall die Anschauung in den Vordergrund zu stellen, gefördert durch zahlreiche Abbildungen, teils schematische Zeichnungen, teils Photos. Die Photos wurden mir freundlicherweise von den Firmen IBM, Siemens und Valvo überlassen, wofür ich auch hier danken möchte.

Der erstaunliche Aufschwung der Halbleiter in ihren vielseitigen Anwendungen beruht in erster Linie auf einem fortschreitenden Verständnis ihrer inneren Struktur, allgemeiner sogar auf den wissenschaftlichen Ergebnissen der Festkörperphysik. Ich habe deswegen diese Erkenntnisse der Wissenschaft so weit berücksichtigt, wie es für die Erklärungen der Halbleiterwirkungen nötig erscheint und ohne zu hohe Anforderungen an den Leser vertretbar ist. Die technischen Anwendungen konnte ich im zweiten Teil des Büchleins nur in groben Zügen behandeln, da ein Eingehen auf zu viele Details rasch ins Uferlose führen würde. Ich hoffe aber, daß das Büchlein trotzdem einen richtigen Eindruck von den interessanten physikalischen Problemen und von der überaus vielseitigen Nutzung der Halbleiter vermittelt.

Tübingen, Februar 1970 WERNER BRAUNBEK

Inhaltsverzeichnis

I. Die Physik der Halbleiter

1. Die elektrische Leitfähigkeit

Zu den ältesten Erfahrungen auf dem Gebiet der Elektrizität gehört, daß es Stoffe gibt, die den elektrischen Strom leiten — *Leiter* —, und Stoffe, die dies nicht tun — *Nichtleiter* oder Isolatoren. Alle Metalle z. B. sind Leiter; trockenes Glas, Bernstein, Hartgummi sowie alle Gase unter normalen Verhältnissen sind Nichtleiter.

Ein ganz einfacher Versuch zeigt den Unterschied: Ein Elektroskop, das man etwa mittels eines geriebenen Hartgummistabs

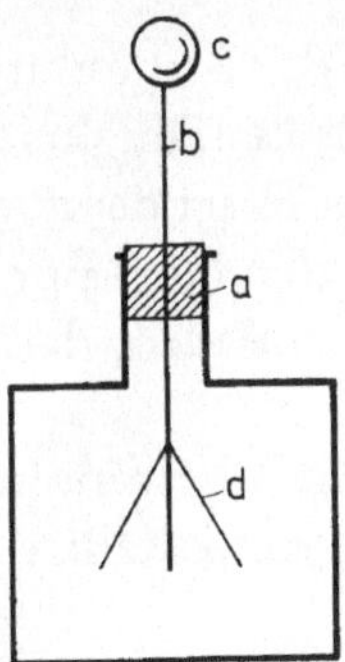

Abb. 1. Im Elektroskop zeigen die gespreizten Goldblättchen *d* eine elektrische Ladung an. Sie hält sich ziemlich lange, da das Elektroskopsystem *cbd* durch die umgebende Luft und durch den Bernsteinstopfen *a* gut gegen das Gehäuse „isoliert" ist

auflädt, behält seine elektrische Ladung, die es durch Spreizen der Blättchen *d* erkennen läßt (Abb. 1), ziemlich lange. Der Bernsteinstopfen *a*, der die Elektroskopzuführung *b* vom Gehäuse trennt, ist ja ein Isolator, und ebenso auch die Luft, die überall den geladenen Teil einhüllt. Berührt man aber mit einem Metalldraht oder einem sonstigen Leiter den Knopf *c* des Elektroskops, so fallen die Blättchen augenblicklich zusammen, da die Ladung jetzt durch eine leitende Verbindung zur Erde strömen kann.

Auch zwischen Leitern und Leitern bestehen indes große Unterschiede. Leiter können nämlich den elektrischen Strom mehr oder weniger *gut* leiten, was quantitativ durch den Betrag ihrer *Leitfähigkeit* ausgedrückt wird. Sogar die Stoffe, die man als Nichtleiter bezeichnet, besitzen eine, wenn auch äußerst geringe, Leitfähigkeit. Der Betrag seiner Leitfähigkeit charakterisiert demnach

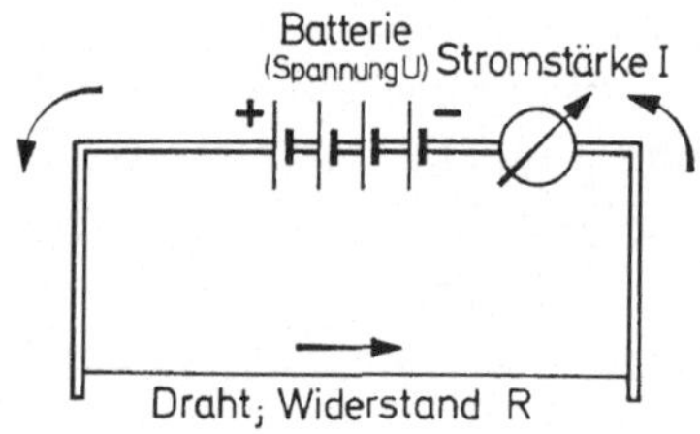

Abb. 2. Die Spannung U der Batterie treibt durch den Draht vom Widerstand R (der Widerstand der dicken Zuleitungen ist vernachlässigt) den Strom der Stärke $I = U/R$, der am Amperemeter abgelesen wird

einen Stoff in Hinsicht auf den Stromdurchgang. Mit dem Elektroskop allerdings lassen sich Leitfähigkeitsunterschiede verschiedener Leiter nicht feststellen, es sei denn, es handelt sich um extrem schlechte Leiter. Durch jeden auch nur mäßig guten Leiter wird das Elektroskop so rasch entladen, daß die Entladungszeit nicht mehr meßbar ist.

Um die Leitfähigkeit eines bestimmten Materials zahlenmäßig zu ermitteln, kann man grundsätzlich in folgender Weise vorgehen:

Man nimmt einen Stab (oder Draht) des betreffenden Materials von der Länge l und vom Querschnitt Q und legt an seine Enden die konstante elektrische Spannung U z. B. einer Batterie (Abb. 2). Dann fließt durch den Stab ein konstanter Strom der Stromstärke I, die man am Amperemeter ablesen kann. Man nennt nun den Quotienten

$$\frac{U}{I} = R$$

den elektrischen *Widerstand* des Stabes, den umgekehrten Quotienten

$$\frac{I}{U} = \frac{1}{R} = G$$

seinen elektrischen *Leitwert*.

Mißt man U in Volt (V), I in Ampere (A), so erhält man den Widerstand in der Einheit „Ohm" (Ω), den Leitwert in der Einheit „Siemens" (S). Ändert man beim selben Material die Dimensionen des Stabes, so zeigt sich, daß der Widerstand proportional mit wachsender Länge l wächst und umgekehrt proportional mit wachsendem Querschnitt Q abnimmt, so daß man mit einer Proportionalitätskonstanten ϱ (griechisch Rho) schreiben kann:

$$R = \varrho \cdot \frac{l}{Q}.$$

Die Konstante ϱ, die jetzt nur noch vom Material und den Bedingungen, unter denen es steht (z. B. seiner Temperatur), abhängt, heißt man den *spezifischen* elektrischen Widerstand des Stoffes. Seine Einheit richtet sich danach, welche Einheiten man für l und Q wählt. Eine oft gebrauchte Wahl ist, l in Metern, Q in Quadratmillimetern auszudrücken, als „Einheitsdraht" also einen Draht von 1 m Länge und 1 mm² Querschnitt zu betrachten. Dann ist die Einheit von ϱ das $\Omega\,\mathrm{mm}^2/\mathrm{m}$.

Um aber nicht zwei verschiedene Längeneinheiten miteinander zu kombinieren, verwendet man lieber *nur* das Zentimeter (oder *nur* das Meter), denkt sich als „Einheitsstab" also einen Zentimeterwürfel (bzw. einen Meterwürfel), einen kurzen, dicken Stab („Stab" kann man hier kaum mehr sagen; besser Block) von 1 cm Länge und 1 cm² Querschnitt. In diesem Falle ist die Einheit von ϱ das $\Omega\,\mathrm{cm}$ (bzw. das $\Omega\,\mathrm{m}$). Wir werden ϱ immer in der Einheit $\Omega\,\mathrm{cm}$ ausdrücken, wofür man auch „Widerstand pro Zentimeterwürfel" sagt. Im übrigen gelten die Umrechnungen:

$$1\ \Omega\,\mathrm{m} = 100\ \Omega\,\mathrm{cm} = 1\,000\,000\ \Omega\,\mathrm{mm}^2/\mathrm{m}$$

$$1\ \Omega\,\mathrm{cm} = 10\,000\ \Omega\,\mathrm{mm}^2/\mathrm{m}.$$

Wie man statt des Widerstandes vielfach seinen Kehrwert, den Leitwert $G = 1/R$, benutzt, so auch statt des spezifischen Widerstandes seinen Kehrwert $1/\varrho$, den man *Leitfähigkeit* nennt und mit $\varkappa$ (griechisch Kappa) bezeichnet. Damit ist also nun die elektrische Leitfähigkeit exakt definiert. Mit dem Leitwert G eines Stabes oder Drahtes hängt sie durch

$$G = \varkappa \cdot \frac{Q}{l}$$

zusammen. Ihre Einheit, die zum Ωcm des spezifischen Widerstandes paßt, ist 1 S/cm. Hier gelten die Umrechnungen in andere Einheiten:

$$1\ \text{S/m} = 10^{-2}\ \text{S/cm} = 10^{-6}\ \text{S\,m/mm}^2$$

$$1\ \text{S/cm} = 10^{-4}\ \text{S\,m/mm}^2*.$$

Berechnungsbeispiel: Durch einen 10 m langen Eisendraht von $\frac{1}{2}$ mm² Querschnitt treibt eine Spannung von 6,0 V einen Strom von 3,45 A. Der Widerstand des Drahtes ist dann $6,0:3,45 = 1,74\ \Omega$, sein Leitwert $1:1,74 = 0,58$ S. Will man die Leitfähigkeit des Eisens in S m/mm² haben, so ist in $\varkappa = lG/Q$ die Länge $l = 10$ m und der Querschnitt $Q = \frac{1}{2}$ mm² einzusetzen, und man erhält:

$$\varkappa = (10 \cdot 0,58):\tfrac{1}{2} = 11,6\ \text{S\,m/mm}^2 = 116\,000\ \text{S/cm}.$$

Die letztere Zahl, die Leitfähigkeit des Eisens in S/cm, bekommt man auch sofort, wenn man $l = 1000$ cm und $Q = 0,005$ cm² einsetzt:

$$\varkappa = (1000 \cdot 0,58):0,005 = 116\,000\ \text{S/cm}.$$

Eine direkte Messung dieser Art läßt sich freilich nur durchführen, wenn die Leitfähigkeit des Materials nicht zu groß und vor allem auch nicht zu klein ist; für solche Fälle werden andere speziellere Methoden angewandt.

Außerdem muß bei jeder Messung der Leitfähigkeit darauf geachtet werden, daß sie unter definierten Verhältnissen erfolgt, insbesondere bei einer definierten Temperatur. Die elektrische Leitfähigkeit eines Materials ist nämlich nicht nur von dessen chemischer Natur abhängig, sondern sie wird wesentlich von den Bedingungen mitbestimmt, unter denen das Material steht, in erster Linie von Druck und Temperatur. Vom Druckeinfluß kann man, falls man nicht sehr hohe Drucke anwendet, meist absehen, nicht aber vom Einfluß der Temperatur.

Überdies gibt es viele Stoffe, die, auch wenn man die Temperatur streng konstant hält, eine von der Stärke des durchgehenden Stromes abhängige Leitfähigkeit zeigen, ja sogar solche, bei denen

---

* Zur später noch mehr benutzten Schreibweise mit Zehnerpotenzen: Es ist: $10^4 = 10\,000$; $10^8 = 100\,000\,000$ (8 Nullen) usw.
  $10^{-5} = 1:10^5 = 0,00001$; $10^{-7} = 0,0000001$ (7 Nullen) usw.

sich die Leitfähigkeit selbst bei konstantem Strom und bei konstanter Temperatur mit der Zeit des Stromdurchgangs ändert. Diese Komplikationen treten bei den besonders gut leitenden Stoffen, den Metallen, *nicht* auf. Sorgt man bei ihnen nur für eine konstante Temperatur, so erfordert die Aufrechterhaltung einer bestimmten Stromstärke in einem Draht aus einem solchen Metall

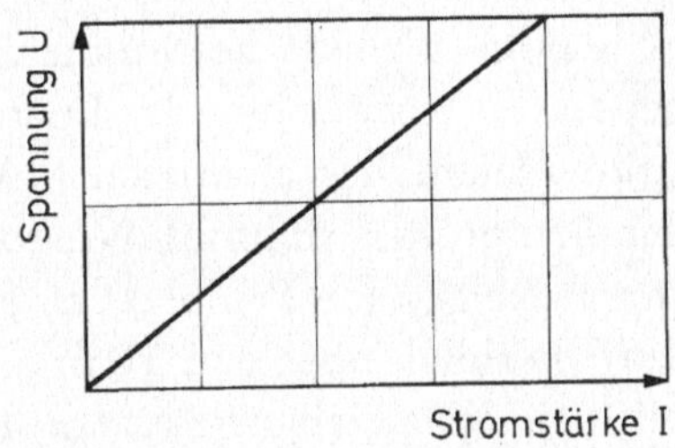

Abb. 3. In einem Metalldraht, der auf konstanter Temperatur gehalten wird, sind die Spannung an seinen Enden und die ihn durchfließende Stromstärke einander streng proportional (Ohmsches Gesetz; lineare Strom-Spannungs-Charakteristik)

eine Spannung, die der jeweiligen Stromstärke streng proportional ist (Abb. 3). Man sagt dann, der betreffende Stoff gehorcht dem Ohmschen Gesetz; seine Leitfähigkeit ist bei festgehaltener Temperatur unabhängig von der Stromstärke.

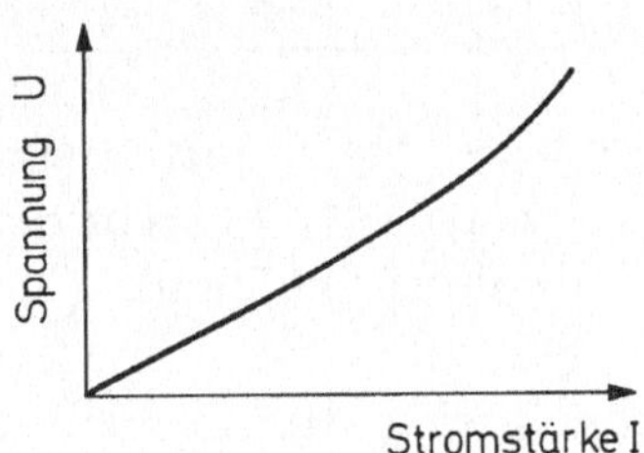

Abb. 4. Sorgt man nicht durch Abführung der Stromwärme für konstante Temperatur, so nimmt der Draht, wenn er von einem stärkeren Strom durchflossen wird, eine höhere Temperatur an, und sein Widerstand erhöht sich dadurch. Die Spannung steigt dann rascher als proportional mit der Stromstärke (nichtlineare Strom-Spannungs-Charakteristik)

Um die Temperatur bei veränderlicher Stromstärke konstant zu halten, ist es aber nötig, die durch den Stromdurchfluß entstehende Wärme, die sogenannte Joulesche Wärme, durch eine entsprechende Kühlung abzuführen. Tut man dies nicht, läßt man den Strom den Draht auf eine von der Stromstärke abhängige höhere Temperatur bringen, so bewirkt diese höhere Temperatur einen (bei Metallen!) höheren elektrischen Widerstand, und die Spannung wächst dann rascher als proportional mit der Stromstärke (Abb. 4). Eine derartige „nichtlineare" Strom-Spannungs-Charakteristik ist für das Material des Drahtes nicht mehr typisch, weil ihre Form weitgehend von den zufälligen Abkühlungsverhältnissen abhängt, davon, ob eine bestimmte Stromstärke eine starke oder weniger starke Erwärmung des Drahtes bewirkt.

Der Temperaturkoeffizient des elektrischen Widerstandes ist bei allen reinen Metallen positiv, d. h. ihr Widerstand steigt, ihre Leitfähigkeit sinkt mit steigender Temperatur. Für Kupfer z. B. gibt Tabelle 1 einen Überblick über den Temperatureinfluß, wobei die Leitfähigkeit bei 0°C gleich 1 gesetzt wurde.

Tabelle 1. *Relative Leitfähigkeit von Kupfer bei verschiedenen Temperaturen*

Temperatur	Relative Leitfähigkeit
— 200°C	8,0
— 100°C	1,8
0°C	1,0
+ 100°C	0,7
+ 200°C	0,53
+ 300°C	0,43

Das Kupfer leitet also bei — 200°C 8mal besser, bei + 200°C fast nur noch halb so gut wie bei 0°C. Bei sehr tiefen Temperaturen, Annäherung an den absoluten Nullpunkt (— 273°C) leiten sehr reine Metalle extrem gut, oft mehrere hundertmal besser als bei normaler Temperatur, ja viele Metalle (und andere Leiter) verlieren wenige Grade über dem absoluten Nullpunkt ihren elektrischen Widerstand völlig. Ein Strom durchfließt sie in diesem „supraleitenden" Zustand ohne Spannung, ohne Energieverlust, ohne Erwärmung des Leiters. Wir brauchen uns aber mit diesem extremen Zustand im weiteren nicht zu beschäftigen.

Im Hinblick auf die Halbleiter ist jedoch etwas anderes wichtig: *Nur* die Metalle befolgen im gesamten experimentell zugänglichen Bereich das Ohmsche Gesetz, alle anderen Leiter zeigen teils geringe, teils aber auch beträchtliche Abweichungen. Im allgemeinen gehen diese in der Richtung, daß mit steigender Stromstärke (aber bei konstanter Temperatur!) die Leitfähigkeit geringer wird, die Spannung stärker als proportional mit der Stromstärke ansteigt. Derartige Leiter weisen bei *konstanter* Temperatur eine nichtlineare Strom-Spannungs-Kennlinie auf wie in Abb. 4, die jetzt aber *nicht* durch Erwärmung bedingt und deswegen — jedenfalls solange nicht zusätzlich zeitliche Änderungen eintreten, was nur bei sehr schlecht leitenden Stoffen vorkommt — für das betreffende Material charakteristisch ist.

Eine nichtlineare Stom-Spannungs-Kennlinie ist z. B. gerade für die praktisch benutzten Halbleiter nicht nur charakteristisch, auf ihr allein und auf ihrer künstlichen Beeinflußbarkeit beruhen sogar all die unzähligen technischen Anwendungsmöglichkeiten, die die Halbleiter in den letzten Jahrzehnten die ganze Elektrotechnik revolutionieren ließen.

2. Was ist ein Halbleiter?

Die Tatsache, daß wir in den Metallen eine große Gruppe durchweg recht guter Leiter vor uns haben — auch wenn es hier Unterschiede in der Leitfähigkeit im Verhältnis 1 : 100 und mehr gibt —, und daß wir andererseits eine große Gruppe von Nichtleitern kennen, die eine fast verschwindende Leitfähigkeit besitzen, diese Tatsache hat dazu geführt, zunächst einmal alle Stoffe, die irgendwo zwischen jenen beiden Extremen stehen, als *Halbleiter* zu bezeichnen.

Dies ist eine sehr grobe Eingrenzung. Es hat sich nämlich gezeigt, daß zwischen Halbleitern und Nichtleitern keine klare Grenze besteht, weil den Nichtleitern ebenfalls eine, freilich äußerst kleine, Leitfähigkeit eigen ist und sie sich untereinander stärker unterscheiden als von den besonders schlecht leitenden Halbleitern. Auch gegen die Metalle grenzen sich die Halbleiter nicht scharf ab, vor allem, wenn man höhere Temperaturen mit einbezieht. Wie man über etwa 25 Zehnerpotenzen (1 : 10 Quadrillionen!) eine ziemlich kontinuierliche Reihe verschieden gut leitender Stoffe angeben kann, zeigt die Tabelle 2, in der die Leitfähigkeiten in S/cm eingetragen sind.

Die Leitfähigkeiten der Tabelle 2, die ausschließlich feste Stoffe bei normaler Temperatur umfaßt, stellen für die Halbleiter und

Tabelle 2. *Leitfähigkeit (in S/cm) einer Reihe von festen Nichtleitern, Halbleitern und Leitern bei normaler Temperatur (ohne Belichtung)*

Stoff	Leitfähigkeit (S/cm)	
Quarzglas	10^{-19}	
Schwefel	$5 \cdot 10^{-18}$	
Hartgummi	$5 \cdot 10^{-16}$	
Glas	10^{-15}—10^{-11}	
Marmor	10^{-11}—10^{-9}	
Kupferoxidul	$2 \cdot 10^{-7}$	
Selen	10^{-6}	
Reinstes Silizium	$3 \cdot 10^{-6}$	
Tellur	10^{-4}	Auswahl
Reinstes Germanium	$2 \cdot 10^{-2}$	technisch
Bleitellurid	$5 \cdot 10^{-1}$	benutzter
Indiumarsenid	5	Halbleiter
Indiumphosphid	10	
Galliumarsenid	50	
Indiumantimonid	$6 \cdot 10^2$	
Wismut	10^4	
Eisen	$8 \cdot 10^4$	
Kupfer	$6 \cdot 10^5$	

Nichtleiter nur ungefähre Werte dar, da deren Leitfähigkeit, wie schon gesagt, unter Umständen von der Stromdichte und zudem oft stark von der einzelnen Probe abhängt.

Einen kurzen Blick wollen wir aber doch noch auf Flüssigkeiten und Gase werfen, teilweise bei höherer Temperatur. Metalle leiten auch im flüssigen (geschmolzenen) Zustand gut, sind indes als Dampf, wie alle anderen Gase, Nichtleiter, sofern die hohe Temperatur nicht zu einer beträchtlichen Ionisation führt und das Gas in den relativ gut leitenden Plasmazustand versetzt. Die glühende Luftsäule eines Kohlelichtbogens etwa, ein sehr heißes Plasma, besitzt die Leitfähigkeit der Größenordnung 100 S/cm, liegt somit im Bereich der bestleitenden Halbleiter.

Flüssigkeiten können im übrigen sehr gute Isolatoren darstellen. Benzol z. B. hat eine Leitfähigkeit von weniger als 10^{-18} S/cm, Alkohol und reinstes Wasser ca. 10^{-7} S/cm. Durch Auflösung von Salzen, Säuren und Basen in Wasser entstehen jedoch sehr viel besser leitende Lösungen, die nun weit in den Bereich der Halbleiter rücken. Eine 20%ige Kochsalzlösung z. B. hat die Leitfähigkeit $0{,}2$ S/cm, 20%ige Salzsäure sogar $0{,}75$ S/cm. Noch bessere

Leitfähigkeiten finden wir bei geschmolzenen Salzen, die im festen
Zustand nahezu Nichtleiter sind. Geschmolzenes Lithiumchlorid
z. B. leitet mit ca. 6 S/cm. Wir werden allerdings nachher sehen,
daß in Lösungen und in geschmolzenen Salzen, ebenso wie auch
in ionisierten Gasen, ein völlig anderer Typ von Leitfähigkeit vor-
liegt als in den Metallen und den z. B. in der Tabelle 2 aufgeführten festen Halbleitern.

Jedenfalls zeigt sich, daß man die Frage, was eigentlich ein
Halbleiter ist, allein nach dem Wert der Leitfähigkeit nicht klar

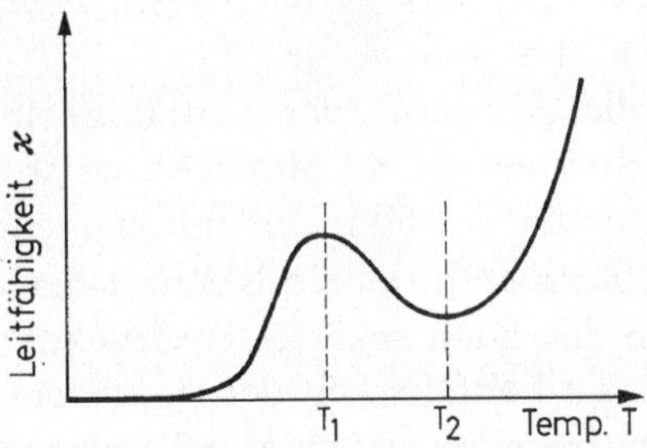

Abb. 5. Bei manchen Halbleitern nimmt die Leitfähigkeit $\varkappa$ mit steigender
Temperatur T nicht fortwährend zu, sondern zwischendurch, im Temperatur-
gebiet T_1 bis T_2, wieder ab

entscheiden kann. Man hat deshalb versucht, noch andere Kriterien heranzuziehen. Da bietet sich besonders die Temperaturabhängigkeit der Leitfähigkeit an. Sämtliche reinen Metalle haben,
wie bereits betont, einen positiven Temperaturkoeffizienten ihres
elektrischen Widerstandes. Mit steigender Temperatur nimmt ihr
Widerstand zu, ihre Leitfähigkeit ab. Bei vielen typischen Halbleitern ist es umgekehrt. Mit steigender Temperatur wächst ihre
Leitfähigkeit, häufig sogar außerordentlich stark, an. Man meinte
deswegen, metallische Leiter und Halbleiter durch die Ab- und
Zunahme ihrer Leitfähigkeit mit steigender Temperatur unterscheiden zu können. Dies erwies sich indessen als ein nicht gang-
barer Weg, da manche Halbleiter in gewissen Temperaturberei-
chen das entgegengesetzte Verhalten zeigen.

Eine bestimmte Gruppe von festen Halbleitern z. B. bieten ein
Bild, wie es in Abb. 5 dargestellt ist. Bei tiefen Temperaturen, vom
absoluten Nullpunkt 0 bis zur (absoluten) Temperatur T_1, steigt
die Leitfähigkeit mit steigender Temperatur beträchtlich an. Bei

weiterer Erhöhung der Temperatur bis T_2 nimmt sie dagegen wieder ab, oft auf weniger als ein Zehntel ihres Wertes bei T_1, um erst bei Temperaturen oberhalb von T_2 erneut stark zuzunehmen.

Da derartige Halbleiter sich zwischen den Temperaturen T_1 und T_2 ähnlich wie Metalle benehmen, nennt man diesen Temperaturbereich ihren metallischen Bereich. Die Temperaturabhängigkeit der Leitfähigkeit ist übrigens bei allen Halbleitern, insbesondere in den ansteigenden Teilen der Kurven, sehr bedeutend. Die Leitfähigkeit reinen Germaniums z. B. wächst beim Erwärmen von 0°C auf 100°C auf etwa das 60fache, beim Erwärmen von 0°C auf 500°C auf rund das 10000fache.

Obwohl also die Abnahme der Leitfähigkeit mit steigender Temperatur nicht immer auf ein Metall hinweist, ist doch wenigstens die Zunahme der Leitfähigkeit mit steigender Temperatur im Bereich tiefer Temperaturen ein Kennzeichen allein des Halbleiters. Man kann das noch schärfer ausdrücken: Bei sehr tiefer Temperatur wird die Leitfähigkeit des (hier stets festen) Halbleiters beliebig klein, die eines reinen Metalls umgekehrt sehr hoch. So lassen sich mindestens bei tiefen Temperaturen metallische Leiter und Halbleiter klar voneinander trennen.

Es gibt noch ein anderes Merkmal, das oft zwischen metallischen Leitern und Halbleitern zu unterscheiden erlaubt. Bei sehr reinen festen Halbleitern steigern, falls die Temperatur nicht zu hoch ist, winzige Beimengungen von Fremdstoffen die Leitfähigkeit meist außerordentlich stark; reine Metalle dagegen erniedrigen im allgemeinen ihre Leitfähigkeit, wenn man andere Stoffe zulegiert. Dieses Kennzeichen ist gerade für die technisch verwendeten Halbleiter wichtig, weil ihre praktische Anwendung überwiegend auf ihrer absichtlichen „Verunreinigung" mit einer ganz bestimmten, oft äußerst geringen Menge ganz bestimmter Fremdstoffe beruht.

So lassen sich die Halbleiter nun doch einigermaßen gegen die gut leitenden Metalle abgrenzen. Nach der anderen Richtung, zu den Nichtleitern hin, bleibt freilich die Unterscheidung problematisch, da für die Nichtleiter im wesentlichen dieselben Kriterien gelten wie für die Halbleiter. Hier bleibt deswegen nur übrig, bei einer bestimmten Leitfähigkeit einen willkürlichen Schnitt zu ziehen. Man legt diesen bei etwa 10^{-8} S/cm, weil schlechter leitende

Stoffe für die praktische Verwendung in typischen Halbleiter-
geräten kaum mehr brauchbar sind.

3. Ionen- und Elektronenleitung

Die bis jetzt besprochenen Eigenschaften von Leitern des elektrischen Stroms mit verschiedener Leitfähigkeit sind insofern nur
äußerliche Eigenschaften, als bei ihnen noch nicht davon die Rede
ist, wie eigentlich die elektrische Leitung zustande kommt. Diese
Frage aber ist entscheidend für das Verständnis zahlreicher Vorgänge.

Vielfältige Erfahrungen haben gezeigt, daß jeder elektrische
Strom in Wirklichkeit eine Strömung atomarer, elektrisch geladener Partikelchen durch den betreffenden Stoff ist. Sind, was
durchaus nicht immer der Fall ist, alle diese Partikelchen von derselben Art, hat jedes von ihnen die Ladung q und (in einem bestimmten elektrischen Feld) die mittlere Strömungsgeschwindigkeit v, und sind in jeder Volumeinheit des Stoffes n derartige „Ladungsträger“ vorhanden, so wird durch jede Flächeneinheit quer
zur Bewegungsrichtung der Teilchen in jeder Sekunde die Ladung
nqv transportiert, d. h. die elektrische Stromdichte, die Stromstärke pro Flächeneinheit, beträgt

$$j = nqv.$$

Nun ist andererseits die Geschwindigkeit v der Teilchen, solange das Ohmsche Gesetz gilt, der elektrischen Feldstärke E proportional mit einem Proportionalitätsfaktor μ (griechisch My),
den man die Beweglichkeit der Teilchen in dem betreffenden Stoff
nennt, und außerdem ist die Stromdichte gleich Leitfähigkeit mal
Feldstärke. Es ist also:

$$v = \mu E$$

und

$$j = \varkappa E.$$

Daraus folgt:

$$j = \frac{\varkappa v}{\mu},$$

und weil j auch gleich nqv ist, weiterhin:

$$\varkappa = nq\mu.$$

Falls nur eine einzige Sorte von Ladungsträgern vorhanden ist, erhält man die elektrische Leitfähigkeit demnach als Produkt aus drei Faktoren: der Dichte dieser Ladungsträger, ihrer elektrischen Ladung und ihrer Beweglichkeit.

Sind es dagegen mehrere Sorten von Ladungsträgern mit den Dichten n_1, n_2 usw., den Ladungen q_1, q_2 usw. und den Beweglichkeiten μ_1, μ_2 usw., die den elektrischen Strom hervorbringen, so

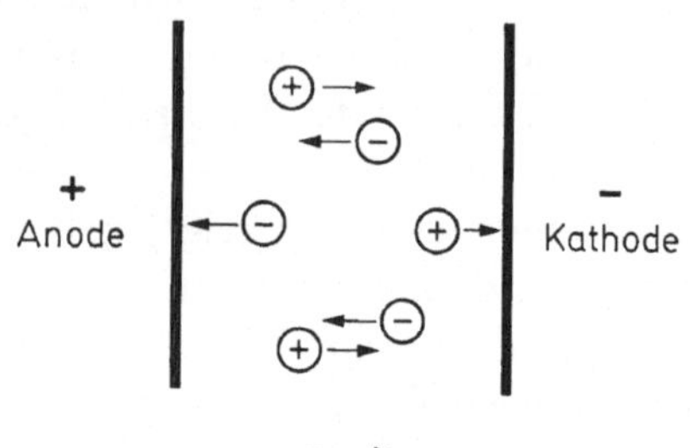

Abb. 6. Positive Ladungsträger wandern in Richtung des elektrischen Feldes, von Plus zu Minus, negative Ladungsträger in der umgekehrten Richtung

addieren sich einfach die von den einzelnen Ladungsträgersorten herrührenden Anteile der Leitfähigkeit, und es wird:

$$\varkappa = n_1 q_1 \mu_1 + n_2 q_2 \mu_2 + \cdots$$

In einem Halbleiter, für den das Ohmsche Gesetz nicht gilt, sind die μ oder die n, meist beide, damit auch das $\varkappa$ von der Feldstärke E bzw. der Stromdichte j abhängig.

Die Ladungen der Ladungsträger können positiv oder auch negativ sein. Da aber negative Ladungsträger sich im gleichen elektrischen Feld in entgegengesetzter Richtung bewegen wie positive (als „Stromrichtung" bezeichnet man nach Übereinkunft stets die Bewegungsrichtung positiv geladener Teilchen (Abb. 6)), so muß man für negative Ladungen auch die Beweglichkeit negativ rechnen, und die Anteile $nq\mu$ in der Leitfähigkeit werden *immer* positiv, ob nun die q positiv oder negativ sind. Dies ist das atomistische Bild, das man der Erscheinung „elektrischer Strom" und dem Begriff „elektrische Leitfähigkeit" zugrunde legt.

Welcher Art sind aber nun in den wirklichen Leitern die Ladungsträger, die atomaren Teilchen, die in ihrem Fließen den elektrischen Strom darstellen? Wie groß sind ihre Ladung, ihre Dichte, ihre Beweglichkeit?

In dieser Hinsicht muß man zwei gänzlich verschiedene Typen von Materialien mit verschiedenem Mechanismus der elektrischen Stromleitung unterscheiden. Beim ersten Typ sind die Ladungsträger die *Elektronen*. Die Elektronen sind subatomare Teilchen mit einer Masse, die rund 1800mal kleiner ist als die Masse des leichtesten aller Atome, des Wasserstoffatoms, und mit einer *negativen* Ladung, die *eine* sogenannte Elementarladung, $1,60 \cdot 10^{-19}$ Coulomb, beträgt. Die Elektronen bewegen sich, da sie negativ geladen sind, immer entgegengesetzt der Richtung des elektrischen Stroms. Man nennt Stoffe, in denen die Elektronen den elektrischen Strom tragen, Elektronenleiter.

In dem anderen Typ von Leitern fließen, falls ein elektrischer Strom sie durchsetzt, keine Elektronen, sondern Ionen, das sind geladene Atome oder Atomkomplexe. Und zwar sind es stets mindestens zwei Sorten von Ionen, die einen positiv, die anderen negativ geladen, die den Strom tragen. Die positiven Ionen strömen in Stromrichtung, die negativen gleichzeitig entgegengesetzt. Die Ionen haben Ladungen, die im einfachsten Fall ebenfalls gleich *einer* Elementarladung sind, die jedoch auch mehrere Elementarladungen ausmachen können.

Man kann auf sehr einfache Weise die beiden Typen von Leitern unterscheiden. Da in den Ionen der Ionenleiter materielle Atome fest mit der elektrischen Ladung verbunden sind, wird mit dem elektrischen Strom zwangsläufig auch Materie transportiert, die sich an den Stellen, wo der Strom in den Ionenleiter ein- und aus ihm austritt, abscheidet. Der elektrische Strom ist hier immer mit einer Zersetzung des Materials, einer sogenannten Elektrolyse, und einer Abscheidung der Zersetzungsprodukte verknüpft. Man heißt diese Leiter deswegen auch Elektrolyte.

In den Elektronenleitern dagegen strömen nur Elektronen, keine Atome. Ein noch so starker und noch so lange dauernder Strom verändert einen Leiter dieser Art chemisch nicht. Bei sehr schlechten Leitern ist es allerdings praktisch oft nicht einfach, nach diesem Kriterium den Leiter einzuordnen, da die abgeschiedenen

Substanzmengen oft zu gering sind, um sie nachweisen zu können. Außerdem gibt es auch Leiter, in denen neben der Elektronenleitung zusätzlich Ionenleitung auftritt.

Bei welchen Leitern haben wir nun Elektronenleitung, bei welchen Ionenleitung? Typische Elektronenleiter sind die gut leitenden Metalle im festen und im flüssigen Zustand. Obwohl das

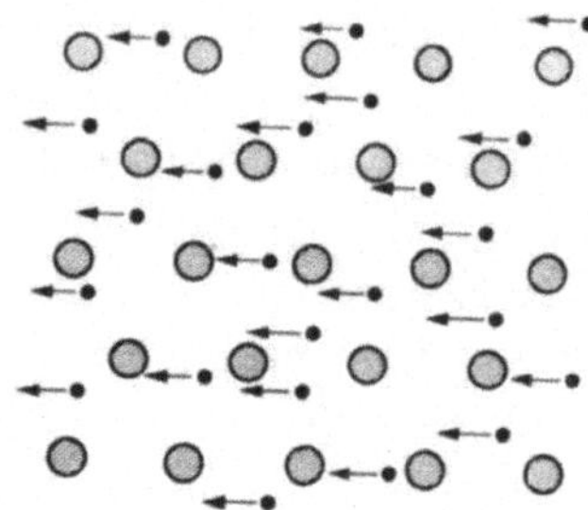

Abb. 7. Zwischen den festliegenden positiven Ionen der Metalle, die ein regelmäßiges Gitter bilden, wandern die negativen Leitungselektronen in der zur Feld- und Stromrichtung entgegengesetzten Richtung

Metall bewegliche Elektronen — die sogenannten Leitungselektronen — enthält, ist es im ganzen doch elektrisch neutral. Die Leitungselektronen haben sich nämlich von den ursprünglich neutralen Atomen des Metalls losgelöst und diese als positive Ionen zurückgelassen. Die Ionen wandern aber nicht, sitzen vielmehr unbeweglich an ihren Plätzen, im kristallisierten festen Stoff an gitterartig geordneten Plätzen, und zwischen ihnen strömen, falls ein elektrisches Feld angelegt wird, die beweglichen Elektronen hindurch und bilden den elektrischen Strom (Abb. 7).

Typische Ionenleiter sind dagegen zahlreiche Kristalle von Salzen. Den Aufbau z. B. eines Steinsalzkristalls, NaCl, Natriumchlorid, zeigt Abb. 8. Das Kristallgitter baut sich bei ihm von vornherein aus Ionen auf, die in diesem Fall beide *einfach* geladen sind. Positive Natriumionen wechseln regelmäßig mit negativen Chlorionen ab. Die Ionen sitzen bei mäßiger Temperatur auf ihren Gitterplätzen fest, um die sie, als „thermische Bewegung", nur geringfügige Schwingungen ausführen. Auch wenn ein elektrisches Feld wirkt, werden höchstens ganz vereinzelte Ionen ihren Platz wechseln und dadurch einen äußerst schwachen elektrischen

Strom ermöglichen. Deswegen sind feste Salzkristalle Nichtleiter, Stoffe mit extrem niedriger Leitfähigkeit.

Erst bei stark erhöhter Temperatur wird durch die jetzt heftigere thermische Bewegung das Kristallgitter so weit aufgelockert, daß häufigere Platzwechsel vorkommen, daß eine elektrische Spannung einen ein wenig stärkeren Strom verursacht, daß die Leitfähigkeit — noch immer in engen Grenzen — ein wenig höher wird.

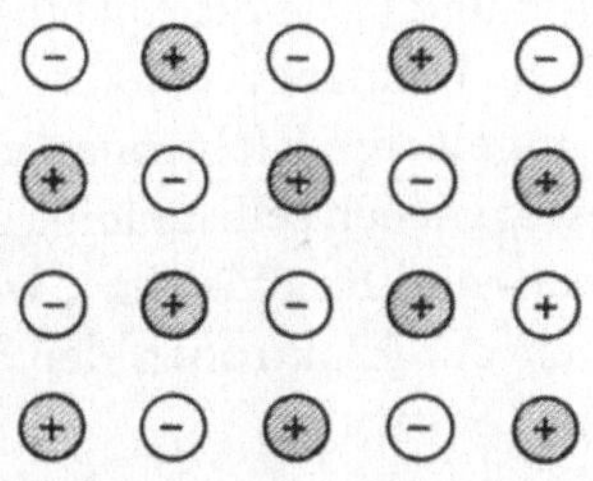

Abb. 8. Das „kubische" Gitter des Steinsalzkristalls (NaCl) baut sich aus abwechselnd positiven Natrium- (Na; schraffiert) und negativen Chlor- (Cl)-Ionen auf. Über und unter der gezeichneten Atomschicht folgt je eine Schicht mit umgekehrter Verteilung von Na und Cl, usw.

Schmilzt jedoch der Kristall, so sind in der Schmelze beide Arten von Ionen nun plötzlich relativ gut beweglich. Die Schmelze hat deswegen eine relativ hohe Leitfähigkeit, wenn diese auch immer noch im Bereich der Halbleiter liegt. Ähnlich ist es, wenn das Salz in Wasser aufgelöst wird. Im Wasser schwimmen nämlich dann gar keine NaCl-Moleküle herum, oder jedenfalls nur in beschränktem Umfang. Zum großen Teil sind es, wie im Kristall, einzelne positive und negative Ionen, die jetzt der Lösung eine verhältnismäßig hohe Leitfähigkeit verleihen. Wirkt ein Feld von links nach rechts, so wandern die positiven Natriumionen nach rechts, zur negativen „Kathode", die negativen Chlorionen nach links zur positiven „Anode" (Abb. 6). Dort entladen sich die Ionen, und die Zersetzungsprodukte Natrium und Chlor erscheinen als chemische Substanzen, unterliegen allerdings sofort weiteren sekundären Reaktionen. Der Strom durch die Lösung oder durch die Schmelze wird hier teils von den positiven „Kationen", teils von den negativen „Anionen" gebildet, nicht genau je zur Hälfte, sondern etwas ungleich verteilt entsprechend der ungleichen Beweglichkeit der beiden Ionensorten.

Auch die meist geringe Leitfähigkeit ionisierter Gase beruht auf Ionenleitung. Durch Strahlungen wie Röntgenstrahlen werden von neutralen Gasmolekülen einzelne Elektronen losgelöst, die sich an andere Moleküle anlagern und mit ihnen negative Ionen bilden, während die Moleküle, die Elektronen abgegeben haben, als positive Ionen zurückbleiben. Beide Ionenarten wandern in einem elektrischen Feld in entgegengesetzten Richtungen und verleihen dem Gas eine geringe (weil die Dichte der Ionen meist nur gering ist) Leitfähigkeit. In manchen Fällen, vor allem in Edelgasen, lagern sich die abgelösten Elektronen nicht an neutrale Moleküle an, sondern bewegen sich selbständig. Dann haben wir eine kombinierte Elektronen- und Ionenleitung, wobei wegen der weit größeren Beweglichkeit der Elektronen der Beitrag der Elektronenleitung zum Strom überwiegt.

Ähnliches tritt auch ein, wenn durch sehr hohe Temperatur ein Gas sehr stark ionisiert wird. Es enthält einen hohen Prozentsatz freier Elektronen und weist eine relativ hohe Leitfähigkeit auf, die größtenteils durch Elektronenleitung bedingt ist.

Reine oder fast reine Elektronenleitung haben wir nun auch bei all den zahlreichen festen Halbleitern vor uns, die eine so wichtige praktische Bedeutung gewonnen haben. Man nennt diese daher auch zum Unterschied von Halbleitern mit Ionenleitung *Elektronenhalbleiter* oder *elektronische* Halbleiter. Die in der Tabelle 2 aufgeführten Halbleiter sind durchweg elektronische Halbleiter. Da die elektronischen Halbleiter eine derart ausgedehnte technische Anwendung gefunden haben, wird heute sogar vielfach der Ausdruck „Halbleiter" allein auf sie eingeschränkt. Auch im vorliegenden Buch werden wir, nachdem die Abgrenzung gegen andere Arten von Leitern besprochen wurde, ausschließlich auf diese Gruppe von Halbleitern näher eingehen.

Hier sollen jedoch, um einen besseren Überblick zu vermitteln, noch ein paar Zahlenwerte von Ladungsträgerdichten und Beweglichkeiten in verschiedenen Arten von Leitern angegeben werden, die für die direkt meßbaren Leitfähigkeitswerte verantwortlich sind. Die Messung jener atomistischen Größen ist nicht ganz einfach. Eine wichtige Methode zur Bestimmung der Dichte der Ladungsträger liefert der sogenannte Hall-Effekt. Man schickt z. B. von hinten nach vorn (Abb. 9) durch einen Leiter recht-

eckigen Querschnitts aus dem zu untersuchenden Material einen
elektrischen Strom, während man ein starkes Magnetfeld von links
nach rechts wirken läßt. Fließen in dem Leiter nur Ladungsträger
einer Sorte, z. B. Elektronen von vorn nach hinten, so werden diese
durch das Magnetfeld nach oben abgelenkt. Dadurch wird die

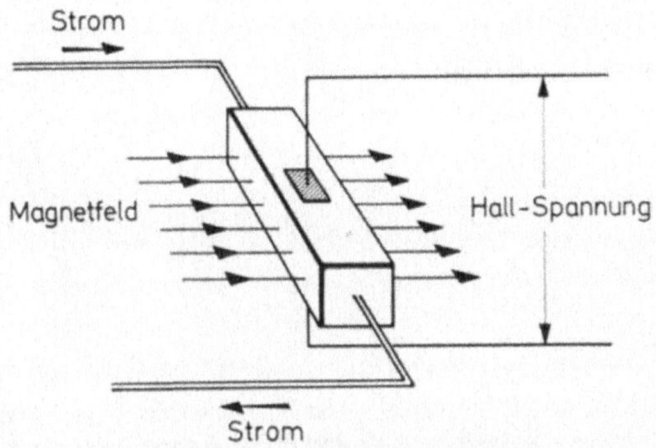

Abb. 9. In einem stromdurchflossenen Stab, der quer zur Stromrichtung von
einem Magnetfeld durchsetzt wird, tritt in der dritten, zu beiden senkrechten
Richtung eine „Hall-Spannung" auf. Ihre Richtung und Stärke gibt Aufschluß
über Art, Dichte und Beweglichkeit der Ladungsträger in dem Material

obere Seitenfläche des Leiters negativ, die untere positiv aufgeladen, und man kann an dort angebrachten Ableitungen eine „Hall-
Spannung" abnehmen. Diese ist verschieden gerichtet, je nachdem positive oder negative Ladungsträger den Strom bilden.
Außerdem zeigt die Theorie, daß die Hall-Spannung bei vorge-
gebener Stromstärke um so höher wird, je geringer die Dichte der
Ladungsträger, je höher damit ihre Strömungsgeschwindigkeit ist.

So läßt die Messung der Hall-Spannung feststellen, ob das Material positive oder negative Ladungsträger enthält, und läßt gleichzeitig deren Dichte, aus der Stromdichte dann auch ihre Strömungsgeschwindigkeit und damit ihre Beweglichkeit, berechnen.

Sind allerdings positive *und* negative Ladungsträger am Strom
beteiligt, so sind die Verhältnisse komplizierter. Die Hall-Spannung entsteht dann als Differenz zweier Spannungen entgegengesetzter Richtung, von denen die eine überwiegt.

Die Dichte der Ladungsträger n gibt man in Teilchen pro Volumeinheit, z. B. pro Kubikzentimeter, an, ihre Beweglichkeit μ
als Strömungsgeschwindigkeit bei bestimmter Feldstärke, dividiert

Tabelle 3. *Dichten und Beweglichkeiten von Ladungsträgern für einige Ionen- und Elektronenleiter bei $18°C$*

Art der Ladungsträger	Dichte (Teilchen pro cm³) n	Beweglichkeit (cm²/Vs)		$n(\mu_+ + \mu_-)$
		μ_+	μ_-	
1. *Ionenleiter*				
Positive und negative Ionen in Stickstoff von 1 at	sehr niedrig	1,3	1,8	sehr niedrig
Na^+- und Cl^--Ionen in 20% NaCl-Lösung	$2 \cdot 10^{21}$	$2,5 \cdot 10^{-4}$	$4 \cdot 10^{-4}$	$1,3 \cdot 10^{18}$
2. *Elektronenleiter*				
Halbleiter: Cu^2O	$4 \cdot 10^9$	60	250	$1,2 \cdot 10^{12}$
Reinstes Si	$9 \cdot 10^9$	400	1900	$2,2 \cdot 10^{13}$
Reinstes Ge	$2 \cdot 10^{13}$	1900	3900	$1,2 \cdot 10^{17}$
Metalle:	$10^{21} - 10^{23}$ (Cu: $8 \cdot 10^{22}$)	—	$10-100$ (Cu: 50)	$10^{23} - 4 \cdot 10^{24}$ (Cu: $4 \cdot 10^{24}$)

durch diese Feldstärke, also in cm/s pro V/cm, anders geschrieben: in cm²/Vs. Die Tabelle 3 führt die ungefähren Werte von Ladungsträgerdichten und Beweglichkeiten in einigen Leitern und Halbleitern auf. Bei Ionenleitern mit positiven und negativen Ionen muß man natürlich die Werte beider Ionenarten, n_+ und n_-, bzw. μ_+ und μ_- unterscheiden. Sind nur je eine Sorte positive und negative, einfach geladene Ionen vorhanden, so ist $n_+ = n_-$ (einfach mit n bezeichnet), dagegen ist μ_+ von μ_- im allgemeinen verschieden. Da dann die Leitfähigkeit $\varkappa = qn(\mu_+ + \mu_-)$ wird, wobei q für alle in der Tabelle 3 aufgeführten Ladungsträger 1 Elementarladung $= 1,60 \cdot 10^{-19}$ Coulomb ist, werden in der letzten Spalte der Tabelle 3 die für die Leitfähigkeit maßgebenden Größen $n(\mu_+ + \mu_-)$ aufgeführt.

In der Tabelle 3 fällt zunächst auf, daß bei den drei angegebenen elektronischen Halbleitern neben einem μ_- auch ein μ_+ auftritt. Dies rührt daher, daß sich in diesen Stoffen außer den Elektronen auch „Löcher" oder „Defektelektronen" an der Stromleitung beteiligen, die sich, obwohl sie keine selbständigen Partikelchen sind, wie positive Teilchen verhalten. Davon wird noch ausführlich die Rede sein.

Man bemerkt ferner, daß sich, grob gesagt, die Elektrolyte, wie die Steinsalzlösung, durch hohe Ladungsträgerdichte und niedrige Beweglichkeit der Ladungsträger, die Elektronenhalbleiter umgekehrt durch weit niedrigere Ladungsdichte, aber hohe Beweglichkeit, die Metalle schließlich durch hohe Dichte *und* hohe Beweglichkeit der Ladungsträger auszeichnen. Das reine Germanium z. B. leitet nur 10mal schlechter als die 20%ige Steinsalzlösung. Seine Ladungsträgerdichte ist jedoch 10^8mal oder 100 millionenmal geringer, dafür die Beweglichkeit seiner Ladungsträger 10^7-mal oder 10 millionenmal höher als bei der Salzlösung.

Endlich soll noch, wenigstens für Elektronenleiter, kurz die Frage gestreift werden, welcher der für die Leitfähigkeit verantwortlichen Faktoren, n oder μ, die Temperaturabhängigkeit der Leitfähigkeit verursacht.

Bei Metallen ist dies praktisch allein die Beweglichkeit μ der Elektronen, die mit steigender Temperatur abnimmt, weil das Kristallgitter bei stärkeren Schwingungen seiner Bausteine die Strömung der Elektronen stärker behindert. Die Leitfähigkeit sinkt deswegen mit steigender Temperatur, denn die Dichte der Leitungselektronen (bei den am besten leitenden Metallen je 1 Elektron auf jedes Metallatom) ist von der Temperatur nahezu unabhängig.

Bei den Elektronenhalbleitern dagegen nimmt zwar die Beweglichkeit der Elektronen (und der „Löcher") ebenfalls mit steigender Temperatur ab, aber die Dichte der Leitungselektronen (und „Löcher") nimmt — außer in den „metallischen" Bereichen (Abb. 5) — sehr viel stärker zu, so daß in der Leitfähigkeit die Zunahmetendenz weit überwiegt. Beim reinsten Germanium z. B. wird beim Erwärmen von 0° C auf 100° C die Elektronenbeweglichkeit 6mal geringer, die Dichte der Elektronen jedoch 360mal größer, so daß sich eine 60fache Erhöhung der Leitfähigkeit ergibt.

4. Wie kommt die Elektronenleitung zustande?

In der Abb. 7 haben wir ein grobes Bild davon entworfen, wie sich die beweglichen Elektronen zwischen den fest sitzenden positiven Ionen eines Metallkristallgitters hindurchbewegen, falls durch das Metall ein elektrischer Strom fließt. Dieses Bild wollen wir nun genauer betrachten und verfeinern, und zwar zunächst ebenfalls für gut leitende Metalle.

Die Metalle sind im festen Zustand kristallin aufgebaut, d. h. sie bestehen normalerweise aus vielen, sehr kleinen und regellos gelagerten Kristallkörnern. Durch spezielle Behandlungsmethoden kann man erreichen, daß ein derartiges polykristallines Metall in einen sogenannten Einkristall übergeht, in dem sämtliche Kristallkörner dieselbe, durch das ganze Metallstück durchgehende Orientierung haben. Äußerlich sieht man den Einkristallzustand dem Metall kaum an, höchstens an gewissen Glanzeffekten an der Oberfläche. Ein Metalleinkristall zeigt also nicht etwa eine regelmäßig äußere Gestalt wie ein Steinsalz- oder ein Quarzkristall. Trotzdem läßt sich seine höhere innere Ordnung mittels der Röntgenstrahlinterferenzen leicht nachweisen, und er hat auch sonst vom polykristallinen Zustand abweichende Eigenschaften.

Für das Grundsätzliche der Elektronenleitung ist allerdings der Unterschied zwischen Einkristall und polykristallinem Material nicht sehr bedeutsam, besteht doch die gute Leitfähigkeit der Metalle selbst im flüssigen Zustand, in dem keine Kristallgitterordnung der positiven Ionen mehr vorhanden ist.

Der Einfachheit halber stellen wir uns aber für das Folgende ein regelmäßiges Kristallgitter der positiven Ionen vor, in dem die Elektronen mehr oder weniger frei herumschwirren. Daß die Metalle solche freien Elektronen in großer Zahl beherbergen, hat seine Ursache darin, daß Metallatome *ein* oder einige wenige „äußere", besonders leicht abtrennbare Elektronen in ihrer Elektronenhülle haben. Treten die Atome nun zu einem Stück kompakter Materie zusammen, dann lösen sich diese Elektronen infolge der Wechselwirkung zwischen benachbarten Atomen als „Leitungselektronen" von ihren Mutteratomen los. Häufig, z. B. beim Kupfer und beim Silber, besitzt jedes Atom gerade *ein* locker gebundenes Elektron, und es bilden sich gerade so viele Leitungselektronen, als Atome vorhanden sind, die dann selbst als positive Ionen zurückbleiben.

Nun sind aber alle diese Teilchen in lebhafter Bewegung, immer stärker, je höher die Temperatur des Metalls ist. Man nennt diese Bewegung der Atome und der freien Elektronen ihre Wärmebewegung, thermische Bewegung oder Temperaturbewegung. Bei den positiven Ionen beschränkt sich die thermische Bewegung, solange das Metall nicht schmilzt, auf ungeordnete Schwingungen um ihre geometrisch festgelegten Gitterplätze. Die Leitungselektronen jedoch schwirren frei dazwischen herum, verhalten sich ähnlich wie die Moleküle eines Gases. Man spricht deswegen auch vom Elektronengas im Metall. Die Oberfläche des Metallstücks spielt die Rolle der Gefäßwände eines Gasbehälters; die Elektronen können ja das Metall nicht verlassen, außer bei sehr hoher Temperatur, wo die energiereichsten von ihnen „herausverdampfen" und hierdurch die sogenannte Glühemission bewirken, von der man in zahlreichen technischen Elektronengeräten von der Radioröhre über die Fernsehröhre bis zur Röntgenröhre Gebrauch macht.

Genau wie Gasmoleküle in einem ruhenden Gas bewegen sich die Leitungselektronen im Metall zwar unregelmäßig, aber, solange keine elektrische Spannung an das Metall angelegt wird, im Durchschnitt gleich häufig nach allen Richtungen, so daß insgesamt nach keiner Richtung elektrische Ladung transportiert wird. Legt man nun eine Spannung an, dann entsteht im Metall ein elektrisches Feld, und die Elektronen bewegen sich im Mittel stärker in der dem Feld entgegengesetzten Richtung (sie sind ja negativ geladen!) als in den andern, so daß jetzt ein elektrischer Strom in Richtung des Feldes fließt. Da die Elektronen bei ihrer Strömung eine Art Reibung erfahren, nämlich fortwährend Energie an die Gitterschwingungen abgeben, die als Erwärmung (Verstärkung der Gitterschwingungen) in Erscheinung tritt, bleibt der Strom auf einen bestimmten Wert begrenzt, der zum wirksamen Feld, d. h. auch zur angelegten Spannung, proportional ist (Ohmsches Gesetz).

Wir haben demnach zwischen zwei Bewegungsarten der Leitungselektronen zu unterscheiden: einmal der auch ohne elektrisches Feld vorhandenen ungeordneten, nach allen Seiten gleich starken Wärmebewegung, und dann, im Fall eines Feldes, der zusätzlichen gerichteten Bewegung, die eine mittlere Strömungsgeschwindigkeit in einer dem Feld entgegengesetzten Richtung bedingt. Wie groß sind hier die zugehörigen Geschwindigkeiten? Wir werden gleich sehen, daß bei normaler Temperatur die mittlere thermische Geschwindigkeit sehr hoch, die mittlere Strömungsgeschwindigkeit dagegen auch bei starken Strömen sehr niedrig ist.

Bei der thermischen Bewegung der Leitungselektronen tritt nun freilich ein sehr wichtiger Unterschied gegenüber der thermischen Bewegung von Gasmolekülen auf, der erst aus der Quantentheorie verständlich wurde und zahlreiche vorherige Unstimmigkeiten bereinigte.

Während nämlich bei normaler Temperatur Gasmoleküle jeden beliebigen Wert ihrer Bewegungsenergie annehmen können, können nach den Quantengesetzen immer höchstens zwei Elektronen denselben Energiezustand besetzen. Da nur eine endliche Zahl solcher Zustände (wenn auch ungeheuer viele) vorhanden sind, werden die niedrigsten rasch aufgefüllt, und ein großer Teil der Elektronen findet erst auf Zuständen viel höherer Energie Platz. Man nennt das die Entartung des Elektronengases. Nur bei extrem hoher Temperatur, vielen Zehntausenden von Graden, würde diese Entartung allmählich verschwinden.

Die Entartung des Elektronengases ist nun für zahlreiche mit der Leitfähigkeit zusammenhängende Erscheinungen von größter Wichtigkeit. Wir können ihre Wirkung am besten verdeutlichen, wenn wir uns die Art und Weise ansehen, wie bei vielen Teilchen eines nichtentarteten und eines entarteten Gases die individuellen Geschwindigkeitswerte der thermischen Bewegung verteilt sind. Am schönsten kommt der Unterschied zum Ausdruck, wenn man nicht die Geschwindigkeitsbeträge c, sondern die Komponenten u der Geschwindigkeit in einer bestimmten (aber beliebig gewählten) Richtung betrachtet.

Nehmen wir erst ein wirkliches Gas, z. B. Stickstoff, bei 20°C, so ist dieses nicht entartet. Seine Geschwindigkeitskomponenten u haben die in Abb. 10 angegebene Verteilung, eine sogenannte Maxwellsche Verteilung. Die Kurve ist symmetrisch, d. h. gleich große Geschwindigkeiten nach rechts (positive u) und nach links (negative u) kommen gleich häufig vor. Die Geschwindigkeitskomponente u_1, bei der die Häufigkeit auf die Hälfte der maximalen gefallen ist, beträgt hier ca. 350 m/s, die Geschwindigkeit einer Pistolenkugel.

Da Elektronen über 50000mal leichter sind als Stickstoffmoleküle, würden sie mehr als 220mal ($\sqrt{50000}$) schneller fliegen als

jene, würden aber, wenn das Elektronengas nicht entartet wäre,
eine ganz entsprechende Maxwell-Verteilung zeigen (Abb. 11,
Kurve a). Die Geschwindigkeitskomponente u_1 für halbe Häufigkeit würde bereits etwa 78 km/s betragen. In Wirklichkeit ist aber

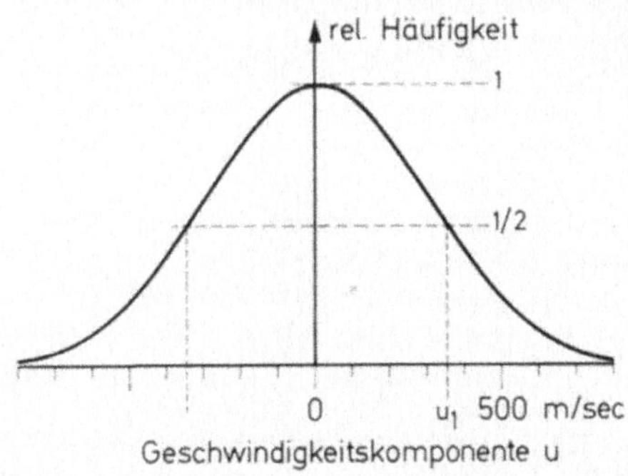

Abb. 10. Die Häufigkeitsverteilung von Stickstoffmolekülen verschiedener
Geschwindigkeitskomponenten u (Maxwell-Verteilung). Bei $u_1 = 350$ m/s
beträgt die Häufigkeit noch die Hälfte der maximalen

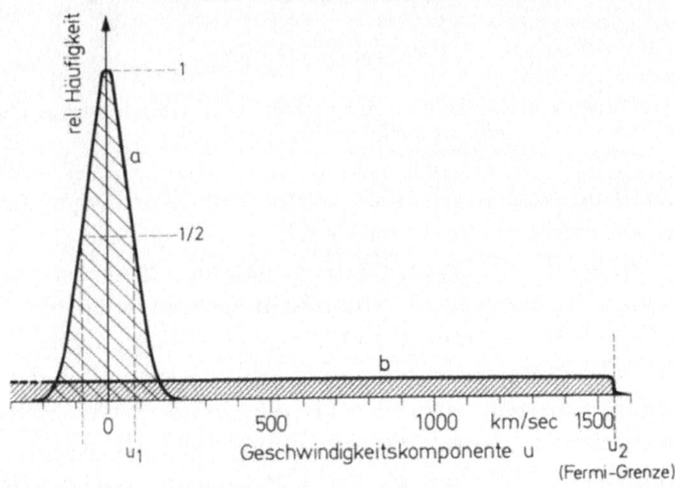

Abb. 11. Die sehr unterschiedlichen Häufigkeitsverteilungen der Geschwindigkeitskomponenten u der (absichtlich falsch angenommenen) nichtentarteten
(Kurve a) und der (der Wirklichkeit entsprechenden) entarteten (Kurve b)
Elektronen im Metall (Kupfer). Die Kurve a ist schon bei $u_1 = 78$ km/s auf
die Hälfte abgesunken, die Kurve b erstreckt sich in unveränderter Höhe bis
zur Fermi-Grenze $u_2 = 1550$ km/s. Die Figur ist links von der Null-Linie
symmetrisch ergänzt zu denken. Die Höhen der Kurven sind so abgeglichen,
daß beide Kurven gleich große Flächen (schraffiert) einschließen

das Elektronengas bei 20°C entartet. Die Elektronen finden auf den niedrigen Energie(und Geschwindigkeits-)werten nicht alle Platz, verteilen sich gleichmäßig über sämtliche Werte der Geschwindigkeitskomponenten bis hinauf zu etwa 1550 km/s, 20mal so viel wie das u_1 des nichtentarteten Elektronengases (Abb. 11, Kurve b, Ende der Verteilung erst bei u_2).

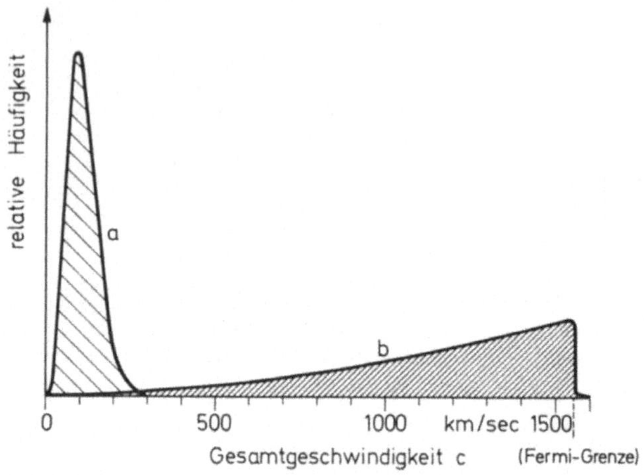

Abb. 12. Dasselbe wie in Abb. 11, jedoch hier für die Gesamtgeschwindigkeiten c an Stelle der Komponenten u

Man nennt diese Geschwindigkeitsverteilung im Gegensatz zur Maxwell-Verteilung die Fermi-Verteilung und den Geschwindigkeitswert, bei der die Kurve rasch absinkt, die Fermi-Grenze. Die Elektronen haben dort also thermische Geschwindigkeiten von mehr als 1000 km/s, 100mal so viel wie eine Mondrakete.

Der Vollständigkeit halber sind in Abb. 12 auch noch die entsprechenden Verteilungskurven für die gesamten Geschwindigkeitswerte der Elektronen (die Beträge an Stelle der Komponenten) aufgezeichnet. Auch hier ist der Unterschied zwischen Nichtentartung und Entartung deutlich zu sehen.

So hoch nun die mittlere thermische Geschwindigkeit der Elektronen im Metall ist, so niedrig ist ihre mittlere Strömungsgeschwindigkeit unter dem Einfluß eines elektrischen Feldes. Diese einseitige Bewegung der Elektronen kann man sich grob in der Weise vorstellen, daß jedes Elektron erst einmal durch das Feld eine zusätzliche gerichtete Geschwindigkeit bekommt, dann aber auf ein Ion des Kristallgitters stößt, diesem seine soeben erworbene Energie abgibt und anschließend das Spiel von neuem beginnt. Das Elektron muß sich Stückchen um Stückchen vorwärtsquälen und erlangt dabei in einem Feld normaler Stärke nur eine recht geringe mittlere Strömungsgeschwindigkeit. Fließt z. B. in einem Kupferdraht von 1 mm² Querschnitt ein Strom von 10 A, so strömen die Elektronen im Draht mit einer mittleren Geschwindigkeit von weniger als 1 mm pro Sekunde. Dem widerspricht es keineswegs, daß beim Einschalten des Stroms dieser an jeder Stelle des Drahtes praktisch augenblicklich zu fließen beginnt. Aus einer Wasserleitung tritt ja beim Öffnen des Hahnes auch augenblicklich Wasser aus, obwohl das Wasser aus dem Reservoir lange braucht, bis es durch die ganze Leitung geströmt ist.

Den Grad der Behinderung der Elektronenströmung durch die positiven Ionen kann man durch ein anderes Bild, das sich quantitativ ausgestalten läßt, noch besser darstellen. Man betrachtet hierbei die strömenden Elektronen als eine im Metall fortschreitende Welle, entsprechend der zweifachen Beschreibungsmöglichkeit, Welle oder Korpuskel, die jede Teilchenbewegung erlaubt. Im Wellenbild rührt die Behinderung der Elektronenströmung daher, daß die Elektronenwelle an den „Hindernissen", die die positiven Ionen für sie bedeuten, zerstreut wird. Dies geschieht in um so höherem Maße, als die Ionen bei höherer Temperatur stärkere thermische Schwingungen ausführen. Man kann auf diese Weise die Abnahme der Elektronenbeweglichkeit, die Zunahme des elektrischen Widerstandes mit steigender Temperatur, richtig berechnen.

Dies alles gilt zunächst für die gut leitenden Metalle. Wie aber steht es mit der Elektronenströmung in den elektronischen Halbleitern? Die Antwort lautet: gar nicht sehr verschieden. Sehr hohe ungeordnete thermische Geschwindigkeit und sehr niedrige gerichtete Strömungsgeschwindigkeit im elektrischen Feld sind für die Halbleiter gleichermaßen charakteristisch wie für die Metalle. Die Beweglichkeit der Elektronen kann auch bei ihnen mittels fortwährend stoßender Teilchen oder mittels fortwährend gestreuter Wellen gedeutet werden. Der wesentliche Unterschied der Halbleiter gegenüber den Metallen liegt ganz woanders: in ihrer außerordentlich viel niedrigeren, dazu sehr stark von der Temperatur abhängigen Elektronen*dichte.* Dieser Unterschied und seine Ursachen sollen in den nächsten Abschnitten besprochen werden.

5. Die Löcherleitung

Die Metalle verdanken ihre hohe elektrische Leitfähigkeit der hohen Dichte der Leitungselektronen. Jedes Atom des Kristallgitters setzt ein — in manchen Fällen auch mehrere — Elektronen frei, die nun durch das ganze Metall wandern können. Ein absoluter Nichtleiter müßte folgerichtig ein Material sein, in dem es überhaupt keine beweglichen Elektronen gibt, in dem jedes Atom alle seine Hüllenelektronen unlösbar festhält. Die Dichte der Leitungselektronen ist dann Null. In Wirklichkeit wird wegen der ungleich verteilten Energie der thermischen Bewegung gelegentlich doch eines oder das andere Elektron freikommen, und diese wenigen verleihen dem „Nichtleiter" eine äußerst geringe Leitfähigkeit. Wenn solch eine Freisetzung eines Elektrons zwar noch selten, aber nicht ganz *so* selten eintritt, die Dichte der Leitungselektronen ein wenig größer, die Leitfähigkeit ein wenig höher wird — immer jedoch weit unter den entsprechenden Ziffern der Metalle —, dann haben wir einen elektronischen Halbleiter vor uns.

Mit diesem Bild des Halbleiters, das durch die Messung der Elektronendichte mittels des Hall-Effekts (siehe die Zahlenwerte von Tabelle 3, S. 18) bestätigt wird, ist auch ohne weiteres klar, warum die Leitfähigkeit der elektronischen Halbleiter normalerweise mit steigender Temperatur stark ansteigt. Je höher nämlich die Temperatur ist, desto mehr Energie besitzen die Elektronen durchschnittlich, einem desto größeren Bruchteil von ihnen gelingt es, die Fesseln zu sprengen, die ein Elektron an ein bestimmtes Atom binden. Obwohl daher, genau wie in den Metallen, die Beweglichkeit der einzelnen freigesetzten Elektronen im Halbleiter mit steigender Temperatur abnimmt, steigt, wie wir schon früher sahen, trotzdem die Leitfähigkeit, weil bei höherer Temperatur sehr viel mehr Elektronen freikommen und sich an der Stromleitung beteiligen.

Dies gilt allerdings nur im Normalfall. Es gibt daneben auch Zustände, wo die besonders leicht abtrennbaren Elektronen schon sämtlich losgelöst sind und zur Ablösung einer Gruppe schwerer abtrennbarer eine wesentlich höhere Temperatur erforderlich ist. Dann kann in einem gewissen Temperaturbereich, in dem die Elektronendichte stagniert, wegen der Abnahme der Beweglichkeit die Leitfähigkeit mit steigender Temperatur sogar abnehmen.

Wir müssen überdies für die Freisetzung von Leitungselektronen je nach Art des Halbleiters zwei ganz verschiedene Mechanismen verantwortlich machen. Was wir bis jetzt geschildert haben, die Befreiung von immer mehr Elektronen, je höher die Temperatur steigt, infolge der höheren thermischen Energie, das trifft für völlig reine Stoffe wie etwa extrem reines Silizium oder extrem reines Germanium zu. Man nennt diese Art der Elektronenleitung die *Eigen*leitung. Man kann in den Halbleiter aber, statt durch Erhöhung der Temperatur, auch dadurch bewegliche Elektronen hineinbringen, daß man Atome eines anderen Elements in ihn einbaut, Fremdatome, beispielsweise Arsenatome in einen Siliziumkristall. Selbst wenn diese sehr gering an Zahl sind — *ein* Arsenatom auf 10 Billionen Siliziumatome macht sich bereits nachweislich bemerkbar! —, setzt doch jedes dieser Fremdatome durch Störung des ursprünglichen Kristallgitters ein Elektron frei, und man bekommt eine Dichte der Leitungselektronen, die proportional der Zahl der eingebauten Fremdatome ist, von der Temperatur aber nur wenig abhängt. Man nennt derartige Halbleiter *dotierte* Halbleiter und die durch die Fremdatome bedingte elektrische Leitfähigkeit die *Stör*leitung. Wir werden uns später mit dieser technisch sehr wichtigen Leitungsart noch eingehend beschäftigen müssen.

Im Augenblick beschränken wir uns indes auf die Eigenleitung und müssen nun eine weitere merkwürdige Erscheinung besprechen, die bei der Elektronenleitung in Halbleitern eine Rolle spielt und sich ebenfalls als äußerst wichtig erwiesen hat. Wir denken uns eine Kette von Atomen (Abb. 13, oberste Reihe 1), die mit Ausnahme *eines* Atoms ihre sämtlichen Elektronen festhalten, also elektrisch neutral sind. Von den acht gezeichneten Atomen möge nur in dem Atom *a* ein Elektron in diesem Moment gerade so viel Energie erhalten haben, daß es entweicht. Besteht ein elektrisches Feld E von links nach rechts, so wandert dieses jetzt freie Elektron, wie es der Pfeil andeutet, nach links auf

Nimmerwiedersehen weg und hinterläßt den Rest des Atoms als positives Ion.

Nun erfaßt jedoch ein relativ lockeres Elektron des nächsten Atoms b die Gelegenheit (Reihe 2), unter der Wirkung des elektrischen Feldes, das es nach links zieht, zu dem positiven Ion a

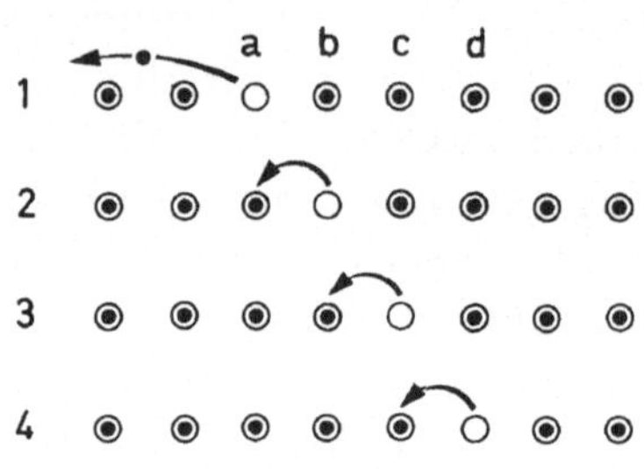

Abb. 13. Dadurch, daß der Reihe nach ein zunächst gebundenes Elektron nach dem andern um einen Platz nach links springt, verschiebt sich die Lücke nach rechts, in Richtung des Feldes E, verhält sich also wie ein wanderndes positives Teilchen (Löcherleitung)

überzuwechseln und die dort entstandene „Lücke" aufzufüllen. Hierfür braucht es keinen nennenswerten Energieüberschuß, da ein leerer Platz bereitsteht und es sich nicht, wie das erste freigesetzte Elektron, zwischen den Atomen hindurchzwängen muß.

Durch den Sprung des Elektrons vom Atom b nach a ist aber eine neue Lücke bei b entstanden, die nun ein Elektron des Atoms c ausnutzt, um sich einen Platz weiter nach links zu setzen (nach links, weil das Feld E dorthin zieht). Hiermit hat sich, dargestellt in Reihe 3, bei c eine Elektronenlücke aufgetan, wieder einen Augenblick später (Reihe 4) bei d, und so geht es fort, bis die Lücke durch das ganze Kristallgitter gewandert ist. Die Lücke stellt jedoch eine positive Ladung dar; sie ist ja ein positives Ion, wenn auch in jedem Augenblick ein anderes. Obwohl sich *nur* negative Elektronen bewegen, die positiven Ionen alle festliegen, wirkt die Verschiebung der Lücke nach rechts nicht anders, als wenn sich ein *positives* Teilchen in Richtung des elektrischen Feldes nach rechts bewegt hätte. Dieser Ladungstransport trägt in gleicher Weise zum elektrischen Strom bei wie ein nach links wanderndes Elektron.

Man spricht hier von *Löcher*leitung und heißt die Lücke im Elektronengefüge, die sich wie ein positives Teilchen benimmt, ein *Defektelektron*. Wenn das Defektelektron auch kein eigentliches Teilchen ist, kann man ihm dennoch eine bestimmte Beweglichkeit μ_+ zuschreiben, die im allgemeinen etwas kleiner ist als die Beweglichkeit μ_- der wirklichen Elektronen. Derart erklären sich die Werte für μ_- und μ_+ in der Tabelle 3 (Seite 18) für die elektronischen Halbleiter.

In einem reinen Halbleiter, in dem nur Eigenleitung stattfindet, *muß* natürlich für jedes wirkliche Elektron, das freigesetzt wird, auch eine Lücke, ein Defektelektron, entstehen. Die Dichten der positiven Löcher und der negativen Leitungselektronen, n_+ und n_-, sind in diesem Fall gleich groß. Der Strom wird teils von entgegen der Feldrichtung wandernden Elektronen, teils von in der Feldrichtung wandernden Löchern getragen, nicht genau zu gleichen Teilen, weil die Defektelektronen eine etwas geringere Beweglichkeit haben.

Um einen kurzen Ausdruck zur Verfügung zu haben, nennt man die Elektronenleitung n-Leitung (n = negativ), die Löcherleitung p-Leitung (p = positiv). In der Eigenleitung eines reinen Halbleiters treten beide Typen gleichzeitig auf. Im nächsten Abschnitt werden wir indessen sehen, daß dotierte Halbleiter unter Umständen reine (bzw. fast reine) n-Leitung oder auch reine (bzw. fast reine) p-Leitung zeigen können.

6. Dotierte Halbleiter

Um den Einfluß, den Fremdatome in einem Halbleiter ausüben, zu verstehen, müssen wir zuvor die Struktur der reinen Halbleiter selbst etwas genauer betrachten. Welche Stoffe sind denn überhaupt als Halbleiter besonders brauchbar?

Historisch gesehen steht hier am Anfang das Element Selen (Se), ein dem Schwefel (der aber ein ausgezeichneter Isolator ist) verwandter Stoff. In der Mitte des vorigen Jahrhunderts war sogar bereits bekannt, daß Selen bei Bestrahlung mit Licht seine elektrische Leitfähigkeit erhöht und außerdem selbst eine elektrische Spannung erzeugt, als Photoelement wirkt. Man wußte damals jedoch mit dieser Erkenntnis nichts anzufangen. Später ist dann das Selen in großem Ausmaß für Trockengleichrichter, auch für große elektrische Leistungen, herangezogen worden, wo es erst neuestens vom Silizium verdrängt wird. Ähnliches gilt für den Halbleiter Kupferoxidul, Cu_2O, der ebenfalls technische Anwendung bei Gleichrichtern fand. Die große Epoche der Halbleitertechnik ist allerdings erst vor kaum mehr als 20 Jahren durch die Erforschung der Eigenschaften der Elemente Silizium (Si) und Germanium (Ge) eröffnet worden.

Diese beiden einander chemisch sehr ähnlichen Stoffe haben eine recht verschiedene Geschichte. Silizium ist eines der in der Erdkruste häufigsten Elemente; es ist Bestandteil nahezu aller Gesteine, und Sand z. B. ist fast reines Siliziumoxid. Als Element entdeckt wurde Silizium freilich erst 1823, und seine Reindarstellung ist ziemlich schwierig. Das Germanium ist im Gegensatz zum Silizium recht selten. Es wurde noch später, 1886, aufgefunden und ist ebenfalls nur schwer ganz rein zu erhalten.

Gerade die technologischen Fortschritte aber, die es in immer höherem Maße ermöglichten, Silizium und Germanium in sehr hoher Reinheit (weniger als 1 Teil Verunreinigungen auf 1 Billion Teile des Elements!) zu gewinnen und sogar Einkristalle aus diesen Stoffen herzustellen, haben die erstaunliche Entwicklung der Halbleitertechnik bewirkt. Silizium und Germanium sind heute nicht nur die weitaus besterforschten, sondern auch — eben deswegen — die praktisch am häufigsten verwandten Halbleiter. Sie werden freilich nie in ganz reinem Zustand benutzt, sondern stets dotiert, d. h. absichtlich mit einem meist sehr geringen Anteil bestimmter Fremdsubstanzen versehen. Das vermindert aber nicht die Notwendigkeit, sie zunächst in reinster Form zu bekommen, denn nur von diesem Ausgangszustand aus kann man definierte Dotierungen zugeben, ohne unbekannte und die technische Anwendbarkeit störende Beimengungen in Kauf nehmen zu müssen.

Silizium und Germanium stehen im sogenannten Periodischen System der Elemente in der Spalte IV (Abb. 14). Das bedeutet, daß jedes ihrer Atome 4 Außenelektronen besitzt. Sie teilen diese Eigenschaft mit dem leichteren Kohlenstoff (C), der in der Form des Diamant ein Isolator, in der Form des Graphit ein elektronischer Halbleiter ist, und mit den schwereren Stoffen Zinn (Sn) und Blei (Pb), die bereits richtige Metalle darstellen.

Kristallisiert formen die Atome dieser IV-Elemente in vielen Fällen (Silizium und Germanium immer) eine sehr einfache Art

von Kristallgitter, in dem jedes Atom nach 4 Richtungen tetraederartig Bindungsarme zu Nachbaratomen ausstreckt (Abb. 15),
die durch seine 4 Außenelektronen gebildet werden.

Besonders wichtig für die Halbleiterphysik sind nun neben den
IV-Elementen die in Abb. 14 ebenfalls eingetragenen III- und

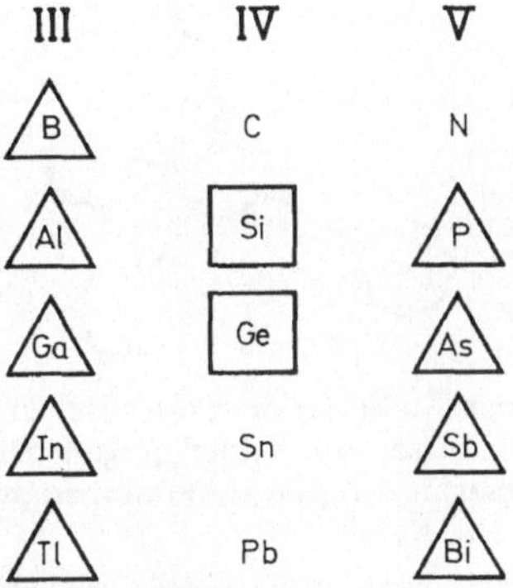

III   IV   V

B   C   N

Al   Si   P

Ga   Ge   As

In   Sn   Sb

Tl   Pb   Bi

Abb. 14. In der IV. Spalte des Periodischen Systems der Elemente sitzen die
typischen Elektronenhalbleiter Silizium und Germanium, in der III. und
V. Spalte diejenigen Elemente, die zum Dotieren von Si und Ge dienen
(Dreiecke), die aber auch die wichtigen III-V-Verbindungen bilden

V-Elemente. Die III-Elemente Bor (B), Aluminium (Al), Gallium
(Ga), Indium (In) und Thallium (Tl) haben pro Atom 3, die
V-Elemente Stickstoff (N), Phosphor (P), Arsen (As), Antimon
(Sb) und Wismut (Bi) pro Atom 5 Außenelektronen. Ihre Struktur ist daher wesentlich weniger einfach als die der hochsymme-
trischen IV-Elemente. Sie sind auch in ihrem elektrischen Verhalten sehr verschieden. Von Isolatoren (N, P) über Halbleiter
(z. B. B) bis zu richtigen Metallen (z. B. Tl, Bi) kommen alle
Arten der Leitfähigkeit bei ihnen vor.

Viel einfacher sind aber Verbindungen je eines III- und eines
V-Elements aufgebaut, die sehr interessanten III-V-Verbindungen
wie etwa Indiumphosphid (InP), Galliumarsenid (GaAs) usw.,
von denen einige schon in der Tabelle 2, S. 8, aufgeführt waren.
Da bei ihnen je 2 Atome zusammen $3 + 5 = 8$ Außenelektronen
haben genau wie 2 Atome Silizium oder Germanium ($4 + 4 = 8$),
so bilden sie ähnliche Kristallgitter wie jene, nur daß eben zwei
Sorten in gleicher Zahl vorhandener Atome sich in regelmäßiger
Folge abwechseln. Diese III-V-Verbindungen sind fast durchweg

elektronische Halbleiter, die in neuester Zeit eine steigende Bedeutung erlangen.

Die III- und die V-Elemente sind jedoch nicht nur wegen der sehr gut brauchbaren III-V-Verbindungen wichtig. Sie stellen

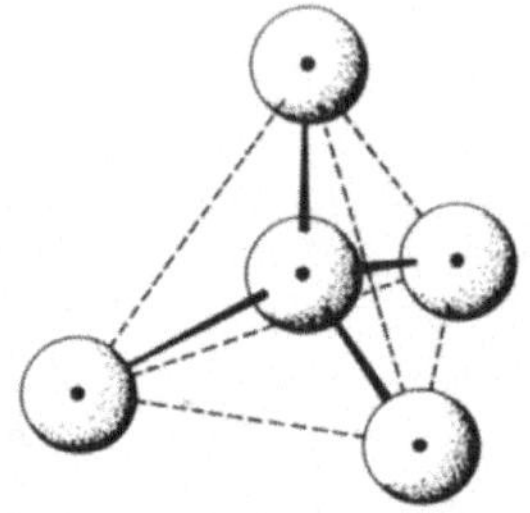

Abb. 15. Die Elemente der IV. Spalte des Periodischen Systems bilden Kristallgitter, in denen jedes Atom mittels seiner 4 Außenelektronen tetraederartig Bindungsarme zu 4 Nachbaratomen ausstreckt

nämlich gerade auch *die* Stoffe, mit denen man Silizium und Germanium dotiert, um technisch verwendbare Halbleiter zu erhalten. Nur benehmen sich die III-Elemente beim Einbau in ein IV-Gitter gerade umgekehrt wie die V-Elemente.

Betrachten wir erst einmal die Dotierung eines IV-Gitters mit einem V-Element, z. B. die Dotierung von Germanium mit Arsen. Die Zahl der Arsenatome ist dabei praktisch immer ein kleiner, meist sogar ein winzig kleiner Bruchteil aller Atome des Gitters. Die Arsenatome quetschen sich nun nicht zwischen die Germaniumatome des ursprünglichen Kristallgitters, sondern sie ersetzen einfach da und dort, unregelmäßig verteilt, ein Germaniumatom (Abb. 16, wo *ein* eingelagertes As-Atom gezeichnet ist). Da das Germaniumatom indessen 4 Außenelektronen hatte, das an seine Stelle getretene Arsenatom aber 5 besitzt, ist *ein* Elektron (e) überzählig. Es ist außerordentlich locker gebunden und wird deswegen schon bei normaler Temperatur zum beweglichen Leitungselektron. So liefert jedes eingebaute Arsenatom ein zusätzliches Leitungselektron. Man nennt die V-Elemente, die in dieser Weise Elektronen abgeben und hierdurch dem Halbleiter eine erhöhte Leitfähigkeit, und zwar eine *n*-Leitfähigkeit, verleihen, *Donatoren*. Mit Ausnahme des Stickstoffs werden alle in Abb. 13 in Spalte III stehenden Elemente als Donatoren verwendet.

Die von den Donatoren hervorgerufene Störleitfähigkeit über-
trifft bei mäßiger Temperatur die Eigenleitfähigkeit des Germaniums bei weitem. Ist z. B. bei normaler Temperatur die Dichte
der Eigenleitungselektronen $2 \cdot 10^{13}$ und sind pro Kubikzentimeter $2 \cdot 10^{15}$ Donatoratome (das ist nur je *eines* auf 50 Millionen
Germaniumatome!) eingebaut, die $2 \cdot 10^{15}$ Leitungselektronen

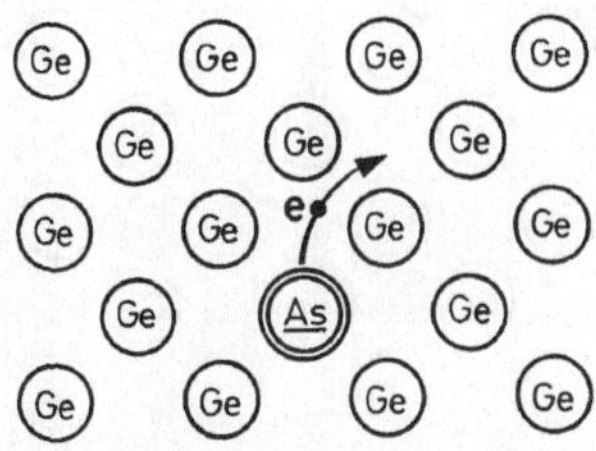

Abb. 16. Ein Arsenatom (V. Spalte) im Germaniumgitter hat ein Elektron
mehr als das Germaniumatom, das es ersetzt. Es wirkt daher als Donatoratom,
das sein überzähliges Elektron leicht abgibt

freisetzen, so steigert dies die Leitfähigkeit auf das 100fache. Bei
höheren Temperaturen freilich holt die Eigenleitung, die sehr
rasch mit steigender Temperatur anwächst, gegenüber der von der
Temperatur nur wenig abhängigen Störleitung wieder auf. Bei
250°C beträgt im Germanium, das in dem geschilderten Grad
dotiert ist, die Eigenelektronendichte rund $4 \cdot 10^{16}$, 20mal so viel
wie die Störelektronendichte.

Ganz anders ist nun die Wirkung beim Einbau von Atomen
der III-Elemente, etwa von Gallium in einen Germaniumkristall.
Auch die Galliumatome verteilen sich regelmäßig auf Gitterplätze,
die ursprünglich von Germaniumatomen eingenommen waren.
Aber an Stelle der 4 Außenelektronen des ersetzten Germaniumatoms sind jetzt an dem Ort, wo ein Galliumatom sitzt, nur noch
3 Außenelektronen vorhanden (Abb. 17). Es hat sich dort eine
Elektronen*lücke* gebildet, die ein anderes Elektron (e) an sich zu
ziehen sucht. Besteht ein elektrisches Feld, so wandert diese Lücke
wie ein positives Teilchen. Wir haben hier Löcherleitung, p-Lei-
tung. Die III-Elemente, die im Gegensatz zu den V-Elementen
im IV-Gitter Elektronen an sich ziehen, heißen *Akzeptoren*. Alle
in Abb. 13 in Spalte III aufgeführten Elemente werden tatsächlich
in Silizium und in Germanium als Akzeptoren verwendet.

Wie die Dotierung mit Donatoratomen, so erhöht auch die
Dotierung mit Akzeptoratomen bei normaler Temperatur die Leitfähigkeit des Siliziums oder Germaniums selbst bei Einbau eines
winzigen Bruchteils von Fremdatomen meist weit über die Eigenleitfähigkeit hinaus. Trotz des verschiedenen Leitungsmechanis-
mus unterscheidet sich das Verhalten n-dotierten und p-dotierten

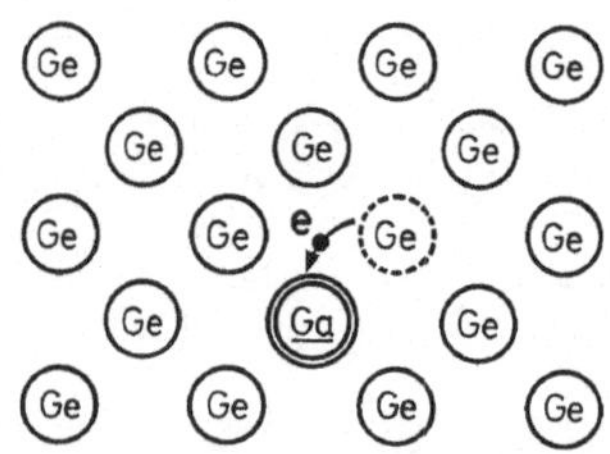

Abb. 17. Ein Galliumatom (III. Spalte) im Germaniumgitter hat ein Elektron
weniger als das Germaniumatom, das es ersetzt. Es wirkt daher als Akzeptoratom, das leicht ein Elektron eines benachbarten Germaniumatoms an sich
zieht und dadurch eine Lücke, ein Defektelektron, erzeugt

Materials äußerlich nicht, solange man nur die Leitfähigkeit und
ihre Temperaturabhängigkeit betrachtet. Die Messung der Hall-
Spannung indes zeigt einen deutlichen Kontrast. Bei der durch
Akzeptoren bewirkten p-Leitung weist die Hall-Spannung in die
entgegengesetzte Richtung wie bei der durch Donatoren bewirkten n-Leitung.

Bleibt zum Schluß noch die Frage, wie hoch man für praktische
Zwecke die Dotierung mit Fremdatomen wählt. Dies nun hängt
sehr vom Verwendungszweck des Halbleiters ab, von dem Ziel,
das man im Auge hat. Man unterscheidet niedrigdotierte und
hochdotierte Halbleiter. Auch bei einem niedrigdotierten Halbleiter soll bei gewöhnlicher Temperatur die Störleitung die Eigenleitung schon stark überwiegen. Um bei normaler Temperatur
etwa die 100fache Eigenleitfähigkeit zu erreichen, muß man bei
Silizium je ein Fremdatom auf rund 100 Milliarden Atome zugeben, bei Germanium muß es ein Fremdatom auf rund 50 Millionen Atome sein. In jedem Falle handelt es sich also um winzig
kleine Mengen der Fremdsubstanz.

In hochdotierten Silizium- oder Germaniumkristallen kann die
Dotierung um ein Vieltausendfaches höher liegen, sie kann unter Umständen Fremdatomdichten der Größenordnung 10^{19} pro

Kubikzentimeter, ein Fremdatom auf nur noch 10000 Atome der Grundsubstanz, erreichen. Hochdotierte Kristalle zeigen freilich, vor allem bei höchsten Dotierungsgraden, ganz andere elektrische Eigenschaften. Dies rührt besonders daher, daß bei so hoher Dichte der Fremdatome diese bei weitem nicht mehr alle ein Leitungselektron bzw. ein Loch beisteuern, und außerdem daher, daß bei der jetzt sehr viel höheren Dichte der Leitungselektronen diese bei gewöhnlicher Temperatur, ähnlich wie im Metall, bereits ein entartetes Elektronengas mit seiner ganz anderen Geschwindigkeitsverteilung darstellen, wogegen sich die dünn gesäten Elektronen niedrigdotierter Halbleiter oder der Halbleiter mit Eigenleitung fast wie die Moleküle eines gewöhnlichen *nicht*-entarteten Gases verhalten.

Mit steigender Dotierung durchläuft man demnach ein gutes Stück des Übergangs vom Halbleiter niedriger Elektronendichte zum gut leitenden Metall. Aus ähnlichen Ursachen äußern übrigens auch die III-V-Halbleiter mit ihren sehr viel höheren Elektronendichten wesentlich andere Eigenschaften als niedrigdotiertes Silizium oder Germanium. Doch gerade auch dieses komplizierte Verhalten wird neuerdings in mannigfacher Richtung für praktische Zwecke herangezogen.

7. Bändermodell der Halbleiter

Was wir weiter noch brauchen, den Unterschied zwischen Nichtleitern, Halbleitern und Leitern zu verstehen, das ist die Beantwortung der Frage, *warum* Leiter sehr viele, Halbleiter verhältnismäßig wenige und Nichtleiter so gut wie gar keine beweglichen Leitungselektronen haben. Auch diese Frage ist durch die Quantentheorie geklärt worden.

Nach der Quantentheorie kann nämlich ein Elektron in einem Festkörper nur ganz bestimmte Energiezustände einnehmen. Die Energiewerte dieser übrigens ungeheuer zahlreichen und daher sehr eng beieinanderliegenden Zustände gruppieren sich in Energiebereiche, die durch „verbotene" Zonen getrennt sind. In Abb. 18 sind zwei erlaubte Energiebereiche, Energie*bänder*, dargestellt, zwischen denen ein verbotener Bereich der Breite $\triangle E$ existiert. „Breite" heißt hier, daß der untere Rand des oberen

Bandes eine um $\triangle E$ höhere Energie hat als der obere Rand des unteren. Außer den beiden gezeichneten gibt es noch mehr erlaubte Energiebänder weiter oben und weiter unten, die wir aber für das Problem der Leitfähigkeit nicht berücksichtigen müssen.

Wie schon betont, besteht nun jedes Energieband aus einer riesig großen Zahl einzelner, sehr dicht liegender Energieniveaus.

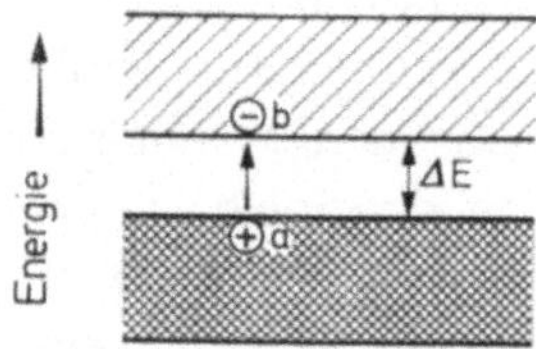

Abb. 18. Bändermodell der Elektronenleiter. Wenn ein Elektron aus einem Platz *a* eines ganz gefüllten auf einen Platz *b* eines ganz leeren Energiebandes springt, wird es dort zum Leitungselektron und hinterläßt an der Stelle *a* eine Lücke, ein Defektelektron

Und hier gilt ein weiteres Gesetz, das nach seinem Entdecker, dem österreichischen Physiker Pauli, das Pauli-Prinzip genannt wird und das besagt, daß auf jedem Energieniveau nur zwei Elektronen Platz haben. Ist das Niveau mit zwei Elektronen besetzt, so scheidet es hierdurch als erlaubtes Niveau für andere Elektronen aus.

Da alle Elektronen zunächst bestrebt sind, mit einer möglichst niedrigen Energie unterzukommen, werden die Niveaus, schließlich die ganzen Bänder, von unten herauf mit Elektronen gefüllt. Ist ein Band völlig besetzt, dann können sich in ihm die Elektronen sozusagen nicht mehr rühren, denn um beweglich zu werden, müßten sie ihre Energie erhöhen können, und das vermögen sie nicht, weil alle höheren Plätze schon voll sind und weil die Elektronen nicht über den oberen Rand des Bandes hinaus in die verbotene Zone eindringen können. In diesem Fall sind sämtliche Elektronen des Bandes an ihren Atomen festgenagelt; es sind gebundene, keine freien Elektronen. Ein mit gebundenen Elektronen angefülltes Energieband nennen wir ein Valenzband.

Reichen nun die gesamten Elektronen eines Festkörpers gerade aus, eine gewisse Anzahl von Energiebändern von unten herauf voll zu besetzen (das untere Band der Abb. 18 soll das oberste der vollen Valenzbänder eines derartigen Stoffes darstellen), dann ist das nächsthöhere Band — das obere der Abb. 18 — gänzlich leer. Wäre dort ein Elektron, oder auch eine Anzahl von Elektronen, die das Band noch nicht füllt, anwesend, so wären diese Elektronen mehr oder weniger frei beweglich, weil sie ja Plätze höherer Energie vorfinden. Dies wären Leitungselektronen, und das Band heißt deswegen Leitungsband. In dem in Abb. 18 gezeichneten Zustand ist der Stoff jedoch ein idealer Nichtleiter, da im Valenzband die Elektronen nicht beweglich, im Leitungsband aber keine Elektronen vorhanden sind. Um ein Elektron a aus dem Valenzband auf eine Stelle b des Leitungsbandes anzuheben, müßte ihm mindestens die Energie $\triangle E$ zugeführt werden, die gleich der Breite der verbotenen Zone, der Breite der Energielücke, ist.

Elektronen können im Festkörper Energie aus der thermischen Bewegung gewinnen. Bei normaler Temperatur ist die mittlere thermische Energie eines Elektrons nur einige Zehntel Elektronenvolt*, wogegen in Nichtleitern die Breite der Energielücke mehr als 10mal größer ist. So gelingt es kaum einem Elektron, nur den ganz wenigen weit überdurchschnittlicher Energie, die Lücke zu überspringen und zum Leitungselektron zu werden. Die Dichte der Leitungselektronen bleibt äußerst gering, die Leitfähigkeit äußerst niedrig.

Jedes der wenigen Elektronen, die dennoch die verbotene Zone überwinden und von a nach b springen, ist bei b ein freies Leitungselektron geworden und hat gleichzeitig bei a ein Loch im Elektronengefüge hinterlassen, das, wie wir schon früher gesehen haben, sich als „Defektelektron“ wie ein positives Teilchen benimmt und ebenfalls zur Leitfähigkeit beiträgt. Jeder Sprung eines Elektrons aus dem Valenzband ins Leitungsband bewirkt daher das Auftreten eines *Paares* Elektron—Defektelektron; beide bilden sich aber im Nichtleiter in nur sehr geringer Zahl.

Nun ist es nicht schwierig zu verstehen, worin Halbleiter sich von Nichtleitern unterscheiden: Bei den Halbleitern ist einfach die Energielücke zwischen dem obersten Valenzband und dem tiefsten Leitungsband wesentlich schmaler, liegt etwa in der Größenordnung von 1 eV. In diesem Fall (Abb. 19) können erheblich

---

* Die in der Atomphysik gebräuchliche Energieeinheit „Elektronenvolt“ (eV) ist diejenige Energie, die ein Elektron oder ein anderes einfach geladenes Teilchen beim freien Durchlaufen einer elektrischen Spannung von 1 V erwirbt.

viel mehr Elektronen vermöge ihrer thermischen Energie die Lücke bezwingen. Die Leitungselektronen im Leitungsband *und* die wieder in gleicher Zahl auftretenden Defektelektronen im Valenzband erlangen eine viel höhere Dichte. Die Leitfähigkeit

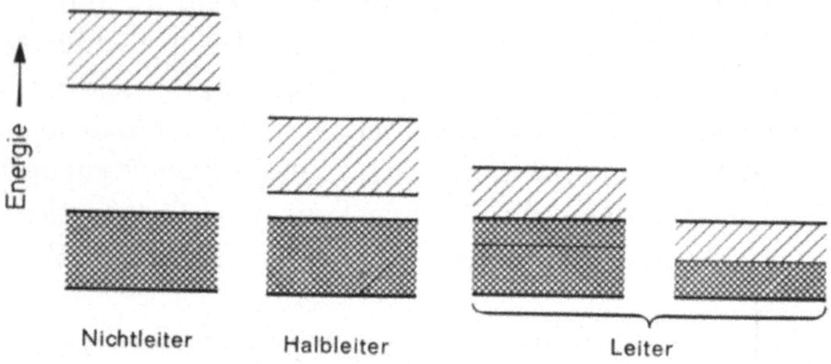

Abb. 19. Der Unterschied zwischen Nichtleitern, Halbleitern und Leitern ist durch die verschiedene gegenseitige Lage des höchsten gefüllten und des niedrigsten leeren Energiebandes bedingt

liegt jetzt im Halbleiterbereich. Mit wachsender Temperatur erwerben immer mehr Elektronen die für den Sprung erforderliche Energie, wodurch die Leitfähigkeit stark zunimmt.

Dieses sogenannte Bändermodell der Festkörper hat sich außerordentlich gut bewährt. Man hat es durch Messung der Energielückenbreite $\triangle E$ sogar quantitativ ausgestaltet. Die Tabelle 4 gibt die $\triangle E$-Werte einiger Stoffe an.

Dem Bändermodell fügen sich auch die Metalle zwanglos ein. Bei ihnen haben wir gar keine Energielücke mehr. Dann können alle Elektronen des obersten Valenzbandes, das die am lockersten gebundenen Elektronen jedes Atoms enthält, Leitungselektronen

Tabelle 4. *Breite $\triangle E$ der Energielücke zwischen Valenz- und Leitungsband.*

Stoff	$\triangle E$ (eV)
Nichtleiter	höher als 3
Selen (Se)	2,2
Kupferoxidul (Cu$_2$O)	2,1
Galliumarsenid (GaAs)	1,4
Silizium (Si)	1,2
Germanium (Ge)	0,7
Indiumantimonid (InSb)	0,26
Metalle	0

werden. Wie dies auf zweierlei Art zustande kommt, zeigt ebenfalls die Abb. 20. Entweder übergreift das Leitungsband von oben her das Valenzband, oder aber das oberste Valenzband ist nur zur Hälfte mit Elektronen angefüllt, so daß diesen, ohne daß sie eine Energielücke überwinden müssen, höhere Energiewerte in dem freien Teil des Bandes offenstehen.

Abb. 19 wie auch Tabelle 4 verdeutlichen erneut, daß die Abgrenzung der Halbleiter mindestens gegen die Nichtleiter willkürlich ist. Man hat die Grenze bei ungefähr $\triangle E = 3$ eV nach praktischen Gesichtspunkten gewählt. Auch zu den Metallen hin ist die Grenze nicht scharf, da Halbleiter mit sehr schmalen Energielücken existieren.

So einfach die Erklärung mit den Energiebändern hier erscheint, so muß doch betont werden, daß in Wirklichkeit die Dinge um einiges komplizierter sind, weil in Kristallen die Energiegrenzen von der Richtung abhängen, in der sich die Elektronen bewegen, und auch andere Verwicklungen auftreten. Hierauf wollen wir aber nicht näher eingehen.

Dagegen ist es notwendig, jetzt noch die Störleitung zu betrachten. Alles, was in diesem Abschnitt zur Sprache kam, gilt ja für die Eigenleitung, bei der in einem reinen Material Elektronen in kleinerer oder größerer Zahl infolge ihrer thermischen Energie vom Valenzband ins Leitungsband gelangen. Die Bänder selbst sind in ihrer Lage charakteristisch für das ungestörte Kristallgitter des reinen Stoffes.

Bringen wir Fremdatome in das Gitter hinein, Donatoren oder Akzeptoren, so finden deren Elektronen ganz andere Energieverhältnisse vor. Die Fremdatome bilden im Gitter Störstellen, in deren Umgebung die elektrischen Kräfte stark verändert sind und hierdurch die Energie der Elektronen nach oben oder unten verschoben ist. Donatoratome lassen sich auf die Weise beschreiben, daß ihre überzähligen Elektronen in der verbotenen Zone liegen, aber mit einer Energie ganz dicht unterhalb des unteren Randes des Leitungsbandes. Die Energiedifferenz dorthin beträgt meist nur 0,01—0,02 eV. Bereits eine ganz geringe thermische Energie vermag diese Elektronen daher ins Leitungsband anzuheben; schon bei Normaltemperatur sind sie fast sämtlich Leitungselektronen.

Umgekehrt halten sich Akzeptorenatome ganz wenig oberhalb des oberen Randes des Valenzbandes auf. Mit einem sehr geringen Energieaufwand ziehen sie ein Elektron aus dem Valenzband an sich und schaffen dort ein Defektelektron, das die p-Leitung des dotierten Materials ermöglicht. Auch hier hat der Energieabstand gegen das Valenzband nur die Größenordnung von hundertstel

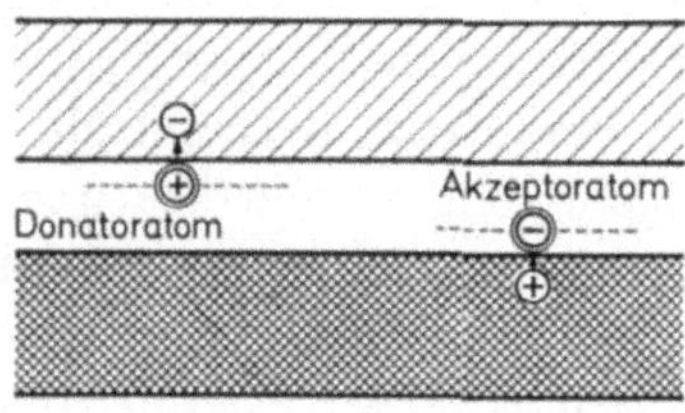

Abb. 20. Das von einem Donatoratom abzugebende Elektron hat ein Energieniveau knapp unterhalb des leeren, das von einem Akzeptoratom aufzunehmende Elektron ein Energieniveau knapp oberhalb des vollen Energiebandes

Elektronenvolt. Die Funktion der Donator- und der Akzeptor-Fremdatome im Bändermodell ist in der Abb. 20 dargestellt. Hier werden, anders als bei der Eigenleitung, *nur* Leitungselektronen oder *nur* Defektelektronen erzeugt, weil die jeweils andersartige Ladung in dem Ion festsitzt, zu dem das Störatom geworden ist. Da indessen neben der Störleitung stets auch, vielleicht ganz schwach freilich, Eigenleitung mitspielt, sind selbst in diesen Fällen die Ladungsträger *einer* Art nie ganz allein vorhanden, wohl aber in einem starken Überschuß gegenüber der jeweils anderen Sorte.

8. Grenzflächen und Übergangsschichten

Bis jetzt war ausschließlich von „den" elektronischen Halbleitern die Rede, und wir setzten stillschweigend voraus, daß es sich dabei um durch und durch gleichartige — wie man sagt: homogene — Stoffe handelt, ob das nun reine oder dotierte Substanzen sind. Denn wir nahmen an, daß auch in einem dotierten Material die Fremdatome zwar statistisch, aber im ganzen gleichmäßig verteilt sind, überall dieselbe mittlere Dichte haben.

Zum weit überwiegenden Teil wird jedoch bei den praktischen Anwendungen der Halbleiter gar nicht von einzelnen homogenen

Substanzen Gebrauch gemacht, sondern von Zusammenfügungen
verschieden beschaffener Teile. Hierbei können entweder zwei un-
gleiche Halbleiter, jeder in sich homogen, entlang einer scharfen
Grenzfläche zusammenstoßen, oder die Eigenschaften des einen
gehen innerhalb einer dünnen Übergangsschicht stetig in diejenigen des andern über. Die beiden zu *einem* Ganzen vereinigten
Halbleiter sind manchmal völlig verschiedene Stoffe, viel häufiger
bestehen sie aber aus dem gleichen Grundstoff und sind nur verschieden dotiert. Z. B. kann p-leitendes Silizium an n-leitendes
Silizium grenzen; man spricht dann von einer p-n-Schicht. Selbst
mit denselben Fremdatomen, jedoch verschieden *stark* dotierte
gleichartige Grundstoffe ergeben, aneinandergefügt, eine Grenz-
oder Übergangsschicht.

Das Verhalten derartiger Grenzflächen und Übergangsschichten
haben wir nun zu klären. Dabei ist vom atomaren Standpunkt aus
eine Grenzfläche keine mathematische Fläche, sondern eine sehr
dünne Schicht, in der sich die Eigenschaften beider Teile mischen.
Und andererseits wird eine etwas dickere Übergangsschicht oft
zweckmäßig als scharfe Grenzfläche idealisiert. So fließen diese
beiden Begriffe ineinander.

Wir wollen in diese Überlegungen nicht nur Halbleiter, sondern
auch Metalle einbeziehen. Die wichtigen Übergänge gehören dann
zu einem der Typen:

Metall   — Metall
Halbleiter   — Metall
Halbleiter   — Halbleiter
p-Bereich   — n-Bereich im selben Halbleiter

Berühren sich zwei verschiedene Metalle, die im allgemeinen
eine unterschiedliche Dichte ihrer Leitungselektronen haben werden, dann diffundieren sofort Elektronen aus dem Metall höherer
Elektronendichte (Metall I) zum andern (Metall II) hinüber. Hierdurch wird aber die an II grenzende Schicht des Metalls I, die
Elektronen verliert, positiv, die oberste Schicht des Metalls II,
die Elektronen gewinnt, negativ aufgeladen, und es bildet sich
— im Metall! — in einem sehr dünnen Bereich ein von I nach II
gerichtetes elektrisches Feld aus, das auf die (negativen!) Elektronen eine von II nach I gerichtete Kraft ausübt und dadurch

schließlich eine weitere Diffusion von Elektronen verhindert. Eine ganz kleine Menge von Elektronen, die hinüberdiffundieren, reicht schon aus, diese Wirkung hervorzubringen; Ladungen und elektrisches Feld sind auf die jeweils oberste Atomschicht beider Metalle, auf eine Übergangsschicht von nur einigen zehnmillionstel Millimeter Dicke, beschränkt. Was aber als grober Effekt bleibt, ist, daß infolge des Feldes von I nach II das Metall I jetzt eine

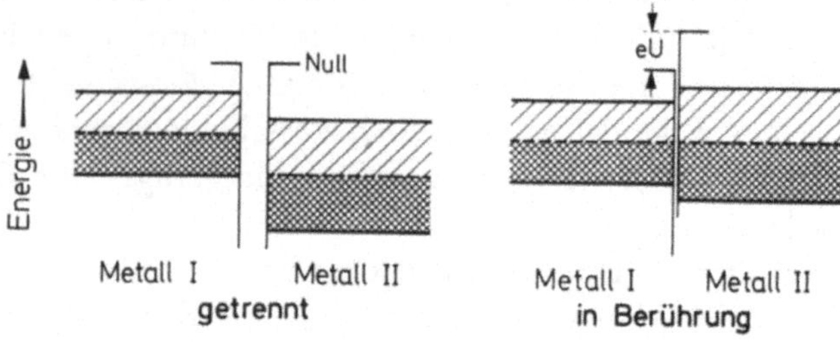

Abb. 21. Entstehung der Kontaktspannung *U* zwischen zwei Metallen *I* und *II* nach dem Bändermodell

gegenüber II höhere Spannung besitzt. Diese Spannung heißt Kontaktspannung; ihr Betrag hängt von dem Metallpaar ab und macht ungefähr einige zehntel Volt bis einige wenige Volt aus.

Im Bändermodell zeigt diesen Vorgang die Abb. 21. In den Metallen I und II sind die Breiten der Leitungsbänder verschieden; in beiden ist das Leitungsband zur Hälfte mit Elektronen gefüllt. Die gestrichelten Linien geben die zwei Fermi-Grenzen an, die man bildlich auch als Oberflächen des Fermi-Sees bezeichnet. Der Fermi-„See" möge im Metall I „höher stehen" als in II, falls man die Null-Energie-Marken beider in gleicher Höhe hält, was der Spannung Null zwischen ihnen entsprechen würde.

Berühren sich nun die Metalle, so stellen sich mittels des geschilderten geringfügigen Diffusionsvorgangs die „Seeniveaus" auf gleiche Höhe ein, wozu aber das ganze Energiegerüst von II gegenüber I um die Energie *eU* (*e* ist die Ladung eines Elektrons, die Elementarladung) hochgeschoben werden muß, was für II eine gegenüber I um *U* niedrigere (die Elektronenladung ist negativ) Spannung bedeutet.

In einem geschlossenen Stromkreis, dessen verschiedene Metallteile alle dieselbe Temperatur haben, heben sich die Kontaktspannungen stets gegenseitig genau auf, so daß kein elektrischer Strom zustande kommt. In dem Stromkreis der Abb. 22, der aus den beiden Metallen I und II der bisherigen Betrachtung, z. B. aus Kupfer und Eisen, zusammengesetzt ist, wirken an der Lötstelle *A und* an der Lötstelle *B* von I nach II gerichtete Spannungen von je 0,5 V, die sich gegenseitig kompensieren, falls *A* und *B* gleiche Temperatur haben.

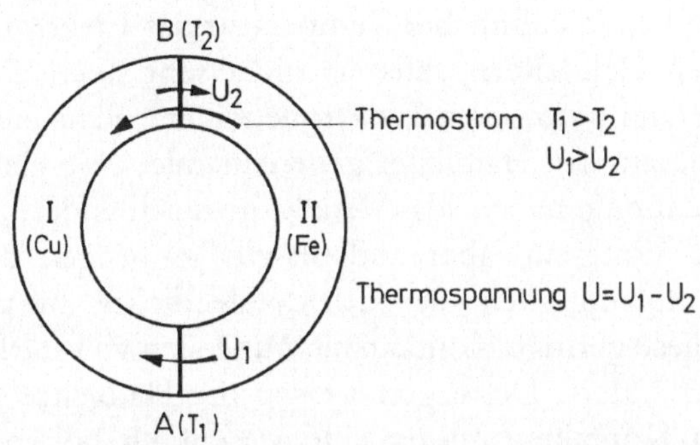

Abb. 22. Thermostromkreis aus zwei verschiedenen Metallen mit verschiedenen Temperaturen T_1 und T_2 der beiden Lötstellen A und B

Erhitzt man jedoch die Lötstelle *A* und läßt hierbei *B* kühl, dann nimmt die Kontaktspannung bei *A* zu und überwiegt jetzt die unveränderte Gegenspannung bei *B*.

Der Überschuß, die „Thermospannung", treibt nun einen Strom durch den Stromkreis. Man heißt diese Anordnung ein Thermoelement. Die Thermospannung ist, da die Kontaktspannung bei Metallen sehr schwach von der Temperatur abhängt, nur gering. Zwischen Kupfer und Eisen beträgt sie für 100°C Temperaturdifferenz der beiden Lötstellen *A* und *B* etwa 1,3 mV (Millivolt; tausendstel Volt).

Die Erscheinung der Thermoelektrizität hat noch eine andere Seite: Ein Strom, der durch den Kreis in der Pfeilrichtung (Abb. 22) fließt, erwärmt die Lötstelle *B*, wo er gegen die Kontaktspannung anlaufen muß (zusätzlich zu der stets vorhandenen Jouleschen Stromwärme), und kühlt die Lötstelle *A*, wo er dieselbe Richtung hat wie die Kontaktspannung. Dies ist der sogenannte Peltier-Effekt.

Bis hierher galt alles für die Grenzfläche Metall—Metall. Was geschieht bei Halbleitern? In vieler Hinsicht liegen die Verhältnisse bei ihnen ähnlich. Wenn wir erst einmal den Übergang Halbleiter—Halbleiter (mit Eigenleitung oder auch mit mäßiger gleichartiger Dotierung) ins Auge fassen, so finden wir auch hier eine Kontaktspannung, die von der Temperatur abhängt und deswegen bei zwei Übergängen I—II und II—I mit verschiedener Temperatur zu einem Spannungsüberschuß, einer Thermospannung, führt. Es besteht jedoch ein sehr wesentlicher Unterschied: In den Metallen ist bei gewöhnlicher Temperatur das Elektronengas entartet, in den Halbleitern, falls sie nicht sehr hoch dotiert sind, infolge der viel geringeren Elektronendichte nicht entartet. Das ist schuld daran, daß Halbleiter gegeneinander eine viel geringere Kontaktspannung haben als Metalle gegeneinander, nur einige hundertstel Volt, daß aber andererseits — wegen der starken Temperaturabhängigkeit der Elektronendichte in den Halbleitern — diese geringe Kontaktspannung sich viel stärker mit der Temperatur ändert. Deswegen weisen die Halbleiter trotz ihrer niedrigeren Kontaktspannung eine wesentlich höhere Thermospannung auf. Auch der Peltier-Effekt ist bei ihnen stärker. Dies stimmt weitgehend auch für den Übergang Metall—Halbleiter, da *ein* Halbleiterpartner schon den Ausschlag gibt.

Ein zahlenmäßiger Vergleich: Eisen hat gegen Kupfer bei 100°C Temperaturunterschied der beiden Lötstellen nur 1,3 mV Thermospannung, Silizium gegen Kupfer aber 40 mV, Selen sogar 100 mV und Kupferoxidul 150 mV. Halbleiterthermoelemente können deshalb zu Zwecken verwendet werden, für die Metallthermoelemente eine zu niedrige Spannung liefern würden. Wir werden darauf später zurückkommen.

Vordringlich müssen wir jedoch die praktisch wichtigste Grenzfläche besprechen, diejenige zwischen einem *p*-leitenden und einem *n*-leitenden Bereich desselben Halbleiters, den *p-n*-Übergang. Die beiden Bereiche treten dadurch auf, daß die *p*-Seite des Halbleiters mit Akzeptoratomen, die *n*-Seite mit Donatoratomen dotiert ist. Auf der *p*-Seite befinden sich deswegen bewegliche Löcher und die zugehörigen festsitzenden negativen Ionen der Akzeptoratome, auf der *n*-Seite bewegliche Elektronen und die zugehörigen festsitzenden positiven Ionen der Donatoratome.

Wenn beide Seiten Kontakt miteinander haben, sind die beweglichen Elektronen bestrebt, in die Löcher zu springen, von der *n*-Seite auf die *p*-Seite hinüberzudiffundieren. Sie tun dies so lange, bis der wachsende positive Ladungsüberschuß auf der *n*-Seite und der negative Ladungsüberschuß auf der *p*-Seite ein genügend starkes elektrisches Feld erzeugt haben, um eine weitere Elektronendiffusion zu verhindern. Im Gegensatz zur Grenzfläche zwischen zwei Metallen, wo sich ähnliche Vorgänge in *einer* Atomschicht abspielen, reicht hier aber der Diffusionsvorgang und auch

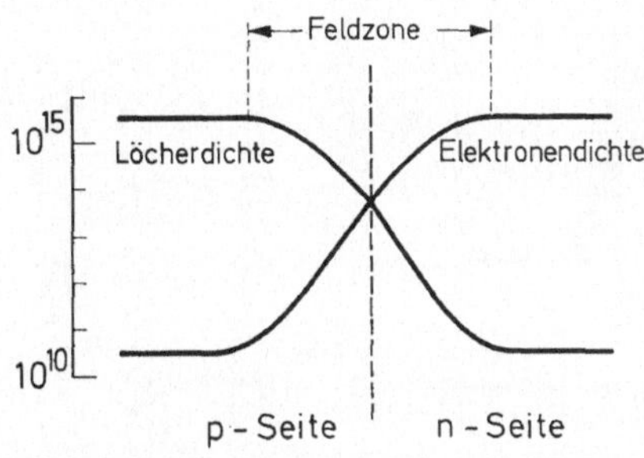

Abb. 23. Der räumliche Verlauf der Ladungsträgerdichten in der „Feldzone", der schmalen Umgebung der Grenze zwischen *p*- und *n*-Leitfähigkeit

das elektrische Feld über Zehntausende von Atomschichten, über Schichtdicken von tausendstel oder sogar hundertstel Millimetern.

Den Verlauf der Elektronen- und Löcherdichte, die sich schließlich im Gleichgewicht einstellen, zeigt die Abb. 23. In ihr sind die Ladungsträgerdichten, da sie sich über mehrere Zehnerpotenzen erstrecken, im logarithmischen Maßstab aufgezeichnet. Auch auf der *p*-Seite sinkt die Elektronendichte, sowie auf der *n*-Seite die Löcherdichte, nicht auf Null, weil infolge der Eigenleitung stets auch die entgegengesetzten Ladungsträger in geringer Dichte vorhanden sind. In der Abb. 23 ist angenommen, daß die *p*-Seite ebenso stark mit Akzeptoratomen dotiert ist wie die *n*-Seite mit Donatoratomen. Die Kurven sind dann symmetrisch zur Grenzfläche. Wäre die Dotierung verschieden, so wäre die Raumladungsschicht auf der schwächer dotierten Seite dicker. Der gesamte Übergangsbereich, den man auch Diffusionszone, Raumladungszone oder Feldzone nennt, hat eine Dicke der Größenordnung eines tausendstel Millimeters, falls der Sprung der Dotierungen abrupt erfolgt. Hat dagegen schon die Dotierung einen weicheren Gang über eine gewisse Tiefe, so wird die Feldzone dicker. Das elektrische Feld in der Feldzone bewirkt wieder eine Spannung zwischen beiden Teilen, die Diffusionsspannung. Wegen ihrer positiven Raumladungszone hat die n-Seite die höhere Spannung gegenüber der p-Seite. Bei mittlerer Dotierung beträgt z. B. bei Germanium die Diffusionsspannung ungefähr 0,3 V.

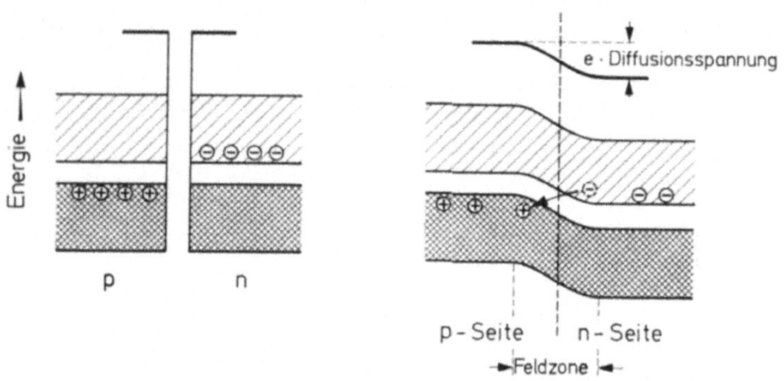

Abb. 24. Der p-n-Übergang im Bändermodell

Im Bändermodell äußern sich die Verhältnisse gemäß Abb. 24. Links sind die beiden Teile getrennt voneinander gezeichnet, mit gleich hohen Null-Energie-Marken, im p-Teil mit Löchern im Valenzband, die von den Akzeptoratomen herrühren, im n-Teil mit donatorbedingten Elektronen im Leitungsband. Rechts ist die Verbindung beider Teile zu sehen. Im Übergangsbereich sind Elektronen von rechts in die Löcher nach links hinüberdiffundiert, wo beide sich gegenseitig kompensieren. Das entstehende elektrische Feld hebt die Spannung des n-Teils gegen den p-Teil um die Diffusionsspannung V an und drückt — wegen der negativen Elektronenladung e — alle Elektronenenergien, die Bändergrenzen und die Null-Linie, im n-Teil um den entsprechenden Betrag eV herab.

Besonders interessant werden die Verhältnisse aber, wenn man an den p-n-Übergang von außen eine zusätzliche Spannung anlegt und dadurch einen Strom durch die Übergangsschicht erzeugt. Aus der Abb. 23 wird ja deutlich, daß in den Raumladungszonen zu beiden Seiten der Grenze das Material schlecht leitet, auf der p-Seite, weil es an Löchern, auf der n-Seite, weil es an Elektronen verarmt ist. Schaltet man eine Spannung in der Richtung von p nach n ein, verbindet man also die p-Seite mit dem Pluspol, die *n*-Seite mit dem Minuspol einer Stromquelle, so zieht diese Spannung Löcher nach rechts und Elektronen nach links. Die hohe Löcherdichte auf der *p*-Seite schiebt sich nach rechts und füllt die negative Raumladungszone auf, ebenso rückt die hohe Elektronendichte der *n*-Seite nach links und kompensiert die positive Raumladung. Die schlecht leitenden Zonen niedriger Ladungsträgerdichte verschwinden; ein kräftiger Strom kann mit geringem Widerstand fließen.

Umgekehrt ist es, wenn die Spannung in der entgegengesetzten Richtung angelegt wird, in Richtung von *n* nach *p*. Das Feld treibt dann die Löcher der *p*-Seite noch weiter nach links, die Elektronen der *n*-Seite noch weiter nach rechts, beide weg von der Grenze. Dadurch werden die schlecht leitenden Schichten rechts und links der Grenze wesentlich breiter und noch viel schlechter leitend, da sie noch mehr an Ladungsträgern verarmen. Der anfängliche Strom sperrt sich selbst den Weg. Zwischen den beiden Seiten kann eine beträchtliche Spannung wirken, mehrere 100 V, ohne daß ein nennenswerter Strom fließt.

Was sich hier gebildet hat, heißt man eine Sperrschicht. Der *p-n*-Übergang läßt einen Strom von *p* nach *n* mit geringem Widerstand durch, sperrt aber einen Strom von *n* nach *p* fast völlig, selbst bei hohen Spannungen. Der *p-n*-Übergang besitzt also eine hochgradige Unsymmetrie gegenüber der Stromrichtung, eine in höchstem Maß nichtlineare Strom-Spannungs-Kennlinie.

Diese Eigenschaft hat dem *p-n*-Übergang seine große praktische Bedeutung verliehen. Während ein homogener *p*-leitender und ein homogener *n*-leitender Halbleiter sich in ihrem Verhalten kaum unterscheiden, hat erst ihre Kombination im *p-n*-Übergang mit all den daran noch anknüpfenden Feinheiten den Siegeszug der Halbleiterelektronik ermöglicht.

9. Herstellung praktisch brauchbarer Halbleiter und Übergangsschichten

In den vorhergehenden Abschnitten sind die wichtigsten elektrischen Eigenschaften reiner und dotierter Halbleiter erörtert und die Art und Weise besprochen worden, wie sie sich aus dem atomaren Aufbau erklären. Einige speziellere Züge werden wir bei bestimmten praktischen Anwendungen von Halbleitern, für die sie eine Rolle spielen, erwähnen. Darlegungen in dem hier gegebenen Rahmen vermögen ja sowieso nur einen mehr oder weniger groben Abriß der in Wirklichkeit sehr komplizierten Verhältnisse zu bieten.

Als Übergang zu den praktischen Anwendungen der Halbleiter müssen wir aber nun etwas darüber berichten, wie man reine und dotierte Halbleiter produziert, und auch, wie man die technisch wichtigen Grenzschichten anfertigt. Dies kann freilich ebenfalls nur in einfachen Linien geschehen und kann kaum erkennen lassen, welche Fülle ausgeklügelter Verfahren notwendig ist, um der Vielseitigkeit industrieller Ansprüche zu genügen.

Der Schwerpunkt liegt hierbei in der Erzeugung reinsten Siliziums und Germaniums, in ihrer Dotierung mit den verschiedensten Fremdsubstanzen im verschiedensten Maß und in der Beherrschung der Technik der Übergangsschichten. Halbleiter wie Selen und Kupferoxidul haben an Bedeutung eingebüßt, weil ihre Technologie nicht so weit entwickelt werden konnte und man auch die in ihnen ablaufenden Vorgänge weniger gut versteht.

Beim Silizium und Germanium haben wir drei Stufen der Verarbeitung zu unterscheiden, sofern es sich erst einmal um das homogene Material handelt.

1. Die Bereitstellung der reinsten Grundstoffe,
2. die Bildung von Einkristallen,
3. die Dotierung mit Fremdatomen.

Die zweite und dritte Stufe werden teilweise auch in der umgekehrten Reihenfolge angesetzt.

Rohstoff für das Silizium ist der in der Natur reichlich vorhandene Quarz, SiO_2, Siliziumdioxid. Das Germanium bekommt man aus dem selteneren Mineral Germanit, das GeO_2, Germaniumdioxid, enthält. Mittels chemischer Verfahren gewinnt man über Chlorverbindungen der beiden Elemente schließlich im chemischen Sinne sehr reines Silizium und Germanium, meist in Pulverform. Das Pulver wird geschmolzen und in Stäbe gegossen.

Selbst der höchste chemisch erzielbare Reinheitsgrad reicht jedoch für die Zwecke der Halbleiterelektronik bei weitem nicht aus. Die letzten Verunreinigungen entfernt man deswegen aus einem fertigen Silizium- oder Germaniumstab mittels des Zonenschmelzverfahrens. Man führt hierbei eine geschmolzene Zone langsam den Stab entlang, indem man den in einem Tiegel liegenden Stab langsam durch eine Hitzezone schiebt (Abb. 25). Bei der Erstarrung werden Fremdsubstanzen in den flüssigen Teil abgedrängt und von der wandernden flüssigen Zone durch den ganzen Stab hindurchgezogen. Ist der Stab senkrecht angebracht, bleibt

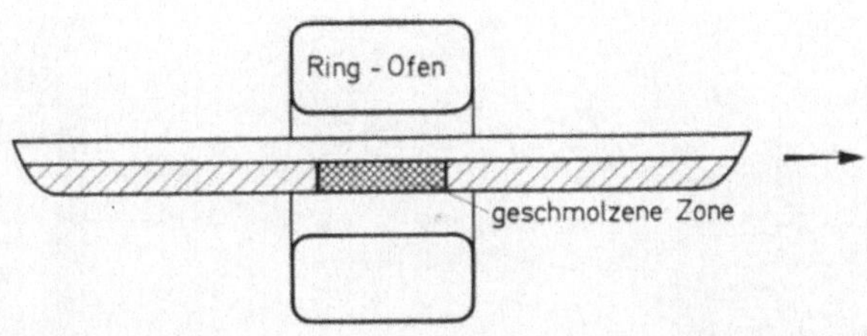

Abb. 25. Schema des Zonenschmelzens. Das in einem langgestreckten Tiegel erstarrte Material wird langsam durch eine Schmelzzone hindurchgezogen

das geschmolzene Stück mittels seiner Oberflächenspannung von selbst zwischen den festen Ansätzen hängen, so daß man keinen Tiegel braucht und im Vakuum arbeiten kann.

Besonders schwierig ist eine hochgradige Reinigung beim Silizium. Dürfen doch bei ihm schädliche Verunreinigungen nur etwa je *ein* Fremdatom auf eine Billion Siliziumatome ausmachen, das entspricht einem tausendstel Milligramm Fremdsubstanz auf je eine Tonne Grundstoff. Der Reinigungsgrad läßt sich sehr empfindlich an der elektrischen Leitfähigkeit kontrollieren. Chemisch hochgereinigtes Silizium z. B. hat eine Leitfähigkeit von mehreren S/cm. Nach dem Zonenschmelzen leitet das Material nur noch mit einigen Zehntausendsteln bis Hunderttausendsteln eines S/cm. Mittels extremer Reinigung bekommt man ein Silizium, das praktisch allein Eigenleitung aufweist, deren Leitfähigkeit, wie wir früher schon sahen, bei normaler Temperatur bei ca. $3 \cdot 10^{-6}$ S/cm liegt.

Ähnlich, wenn auch nicht gleich schwierig, gestaltet sich die Reinigung von Germanium. Verschiedene III-V-Halbleiter, z. B. Indiumantimonid, hat man ebenfalls in höchsten Reinheitsgraden erzeugen gelernt. Bei anderen dagegen, ebenso wie bei Selen und Kupferoxidul, ist es nicht gelungen, äußerste Reinheitsgrade zu erzielen.

Die nächste Aufgabe ist, das Material zu einem Einkristall um-
zuformen. Dies geschieht derart, daß an einen kleinen Einkristall
durch langsames Herausziehen aus der Schmelze (Abb. 26) immer
weitere Substanz ankristallisiert, die dann von selbst als geord-
netes, einheitliches Kristallgitter aufwächst. Das langsame Erstar-
ren bedeutet gleichzeitig eine Abdrängung von Verunreinigungen,

Abb. 26. Ein Einkristall wird aus der Schmelze gezogen

so daß Einkristallbildung und letzte Reinigung zusammen vor-
genommen werden können.

Nun muß der reine Grundstoff noch mit kleinen, genau ab-
gemessenen Mengen bestimmter Fremdsubstanzen dotiert werden.
Dies kann man bereits zu Anfang tun, indem man einer Schmelze
geringe, abgewogene Zusätze beigibt. Häufig gewinnt man jedoch
erst einmal fertige, feste Einkristalle des reinen Materials und läßt
nachträglich von der Oberfläche her die Fremdstoffe eindringen.
Man bewirkt das entweder durch Einlegieren kleiner geschmolze-
ner Substanzmengen, meist aber durch Eindiffundieren der Fremdatome aus dem Dampfzustand in den erwärmten Einkristall.

Bei dem zweiten Verfahren gelangen die Fremdatome natürlich
nur in eine mehr oder minder dünne Oberflächenschicht, was aber

für zahlreiche Zwecke genau dem gewünschten Ziel entspricht. Wir haben damit nämlich sofort die Möglichkeit, Übergangsschichten jeder Art herzustellen. Man läßt etwa erst Donatoratome tiefer eindringen, die eine verhältnismäßig dicke n-leitende Schicht hervorbringen. Anschließend schickt man im Überschuß Akzeptoratome nach, aber weniger tief, und bildet auf diese Weise über der n-leitenden eine p-leitende Zone. Wo beide aneinandergrenzen, ist ein p-n-Übergang entstanden.

Die Technik derartiger Schichtenerzeugung ist außerordentlich vervollkommnet worden. Die Legierungsmethode wird neuerdings immer mehr vom Eindiffusionsverfahren verdrängt, das sich als besonders vielseitig erwiesen hat. Es erlaubt sogar, ganze Schichtenfolgen zu fertigen, Dreierschichten pnp oder npn, Viererschichten $pnpn$, Fünferschichten $pnpnp$, die alle in speziellen Anordnungen praktische Verwendung finden.

In vielen Fällen ist es jedoch erforderlich, auf dotiertes Material hoher Leitfähigkeit schlecht leitendes Silizium oder Germanium aufzutragen. Man erreicht dies dadurch, daß man die erhitzte Kristallfläche mit dem Dampf einer geeigneten Silizium- oder Germanium*verbindung* in Berührung bringt, die sich dort zersetzt, wobei das reine Silizium oder Germanium auf dem Unterlagekristall in der gleichen Gitterstruktur aufwächst. Man spricht in diesem Fall vom Epitaxieverfahren, das ebenfalls in neuerer Zeit eine steigende Bedeutung gewonnen hat.

Alle Schichterzeugungsmethoden haben den Zweck, einzelne Sperrschichten oder auch ganze Folgen von Sperrschichten mit bestimmten elektrischen Eigenschaften zu erhalten. Dem schließlichen Produkt muß aber ja der Strom durch metallische Leitungen zugeführt werden. Die letzte Aufgabe ist daher die, derartige Zuleitungen anzufügen.

Auch das geschieht heute meistens durch Aufdampfen des Metalls auf der Kristalloberfläche. An eine so hergestellte Metallschicht können dann, wenn nötig, Drähte angelötet werden. Nur ist — durch Auswahl geeigneter Metalle, durch bestimmte Aufdampfbedingungen und anderes — sorgfältig darauf zu achten, daß an der Metallbelegung nicht ebenfalls eine, hier natürlich unerwünschte, Sperrschicht entsteht. Man muß sogenannte sperrschichtfreie Metallbelegungen anbringen.

Da alle Schichten nur sehr dünn zu sein brauchen, meist nur
hundertstel Millimeter dick, lassen sich Halbleiterschaltelemente
für sämtliche Zwecke, bei denen nur geringe elektrische Leistungen umgesetzt werden, in außerordentlich kleinen Abmessungen

Abb. 27. Mit einer Innenlochsäge wird der Einkristall (in der Hand) in dünne
Scheibchen (links auf dem Papier) zerschnitten

halten. Ganze Schaltkreise haben heute auf einem Plättchen von
einem Quadratmillimeter Fläche und einem zehntel Millimeter
Dicke Platz. Und kaum etwas anderes hat so sehr zur enormen
Verbreitung der Halbleiterelektronik beigetragen wie diese Mikrobauweise, diese „miniaturisierten Schaltungen". Sobald freilich

Abb. 28. Siliziumkristallscheibchen im Vergleich mit 1-DM-Stücken

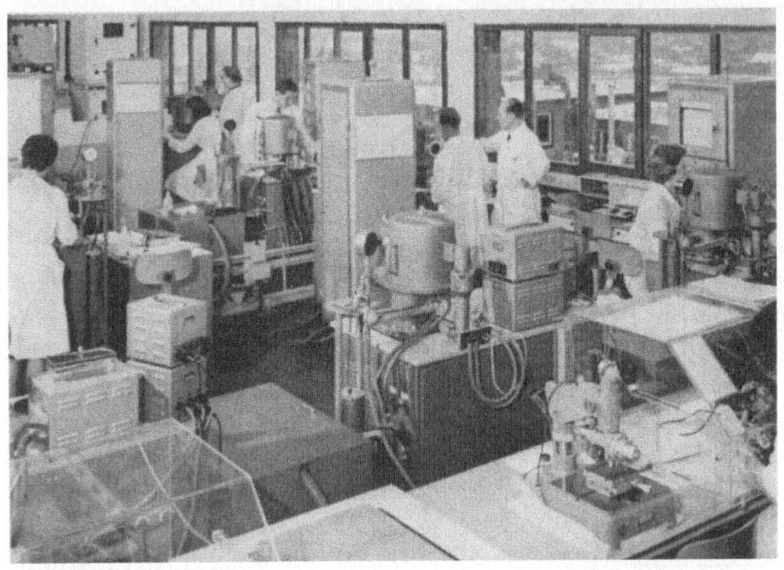

Abb. 29. Saal mit mehreren Bedampfungsapparaten (die topfähnlichen Geräte)

beträchtliche elektrische Leistungen zu bewältigen sind, z. B. bei
Gleichrichtern für Hunderte von Ampere, müssen die Halbleiter-
geräte auch dementsprechend größere Abmessungen besitzen.

Einige Arbeitsgänge auf dem Weg vom rohen Einkristall zum praktisch benutzten Halbleiterschaltelement zeigen die Abb. 27 bis 29. In der Abb. 27 ist zu sehen, wie ein Einkristall von kreisrundem Querschnitt, Durchmesser etwa 2 cm, mit einer Spezialsäge (hier eine „Innenloch"-Säge) in dünne Scheibchen zerschnitten wird, die (Abb. 28) ungefähr die Größe und Form eines 1-DM-Stückes haben, nur wesentlich dünner sind als jenes. Derartige Scheibchen bilden das Ausgangsmaterial für die verschiedenen Oberflächenbehandlungen, die zu einem großen Teil im Aufdampfen von anderen Materialien, Fremdstoffen oder auch Kontaktmetallen, bestehen. Die Abb. 29 gibt das Bild einer industriellen Bedampfungsanlage. Über die speziellen Formen der Oberflächenbedampfung, insbesondere bei der Anfertigung miniaturisierter Schaltkreise, werden wir später noch sprechen.

II. Anwendungen der Halbleiter
10. Dioden und Trioden

Die Anwendung von Halbleiterschaltelementen in der Meßtechnik und in allen Arten von elektronischen Geräten ist so vielgestaltig, daß es ausgeschlossen ist, auf beschränktem Raum eine einigermaßen vollständige Aufzählung der zahlreichen Möglichkeiten zu geben. Es sollen hier deswegen nur eine Anzahl der wichtigsten Anwendungen beschrieben werden, und es soll jeweils kurz erklärt werden, auf welchen Eigenschaften der Halbleiter oder der Übergangsschichten die erstrebte Wirkung beruht.

Grob äußerlich schon kann man die Halbleiterelemente nach der Zahl der elektrischen Stromanschlüsse einteilen, die sie aufweisen. Geräte mit zwei Anschlüssen, einer Stromzu- und einer -abführung nennt man *Dioden*. Besitzt ein Halbleiterschaltelement dagegen drei Anschlüsse, außer der Stromzu- und -abführung des Hauptstromkreises eine weitere Zuführung für einen Hilfsstrom, mit dessen Hilfe der Hauptstrom gesteuert werden soll, dann handelt es sich um eine *Triode*.

Diese Einteilung entspricht völlig der Einteilung der Elektronenröhren in Dioden = Gleichrichterröhren und Trioden = Verstärkerröhren, und tatsächlich ist eine der wichtigsten Aufgaben der

Halbleiterdioden ebenfalls die Gleichrichtung, eine der wichtigsten Aufgaben der Halbleitertrioden die Verstärkung von Wechselströmen. Auch andere Funktionen der Elektronenröhren, wie das Einschalten eines Hauptstroms durch einen Hilfsstromimpuls mittels der Thyratron-Röhre (einer Röhrentriode), werden durch ein analoges Halbleitergerät, den Thyristor (eine Halbleitertriode), übernommen. Wie bei den Elektronenröhren gibt es übrigens auch in der Halbleitertechnik Schaltelemente mit mehr als drei Anschlüssen, doch spielen sie eine geringere Rolle, und wir werden nicht weiter auf sie eingehen.

Bei den Dioden ist es zweckmäßig, aktive Dioden von passiven zu unterscheiden. Die passiven Dioden müssen an eine Stromquelle angeschlossen werden und verändern entweder durch ihre Eigenart oder durch äußere Einflüsse wie Licht, Wärme, Magnetfelder den Strom dieser Quelle. Die aktiven Dioden hingegen erzeugen selbst Strom, wenn ihnen Energie anderer Art, etwa Licht oder Wärme, zugeführt wird.

Zudem ist es nützlich, Dioden und Trioden nach der elektrischen Leistung zu klassifizieren, die von ihnen verarbeitet wird. Viele Halbleiterschaltelemente, vor allem in der Nachrichtentechnik, in den Computern usw., sind für schwache, oft für äußerst schwache Leistungen konstruiert und können dann in winzigen Abmessungen, in der sogenannten Mikrobauweise, gefertigt werden, wodurch sie besonders revolutionierend auf die elektronische Technik gewirkt haben. Auf der anderen Seite werden aber z. B. Transistoren für 100 A und mehr gebaut, und Gleichrichter und Thyristoren (Stromtore) auf Halbleiterbasis gibt es in der Starkstromtechnik für 1000 A Spitzenstrom, in diesen Fällen natürlich in entsprechend großen Abmessungen und mit speziellen Vorkehrungen zur wirksamen Kühlung.

Die sich unmittelbar anbietende Reihenfolge, erst die Dioden und dann die Trioden zu behandeln, wollen wir hier nicht einhalten. Vielmehr soll das nächste Kapitel der Gleichrichterdiode und der mit ihr eng verwandten Tunneldiode gewidmet sein, die beiden dann folgenden aber sofort zwei Trioden, dem Transistor und dem mit ihm verwandten Thyristor. Das geschieht, um den Halbleitergleichrichter und den Transistor wegen ihrer überragenden Wichtigkeit und ungeheuren Verbreitung, sowie auch um ihrer gut erforschten Wirkungsweise willen, an den Anfang zu stellen. Dem schließt sich ein besonderes Kapitel über die Mikrobauweise, die „miniaturisierten Schaltungen", an. Die übrigen Kapitel enthalten eine Anzahl weiterer Halbleiterschaltelemente, durchweg Dioden, und zwar die passiven Dioden Photowiderstand, Heißleiter, Feldplatte, Halbleiterzähler und Schwingungsgenerator, und die aktiven Dioden Photoelement und Thermoelement. Den Abschluß bildet ein Kapitel über den Halbleiterlaser, der überhaupt kein Schaltelement mehr darstellt, sondern eine Vorrichtung, mittels eines durch einen Halbleiter fließenden elektrischen Stromes eine Laserstrahlung, eine kohärente Lichtstrahlung, zu erzeugen.

11. Gleichrichter und Tunneldiode

Gleichrichter dienen dazu, aus einer Wechselstromquelle einen Strom zu entnehmen, der nur in *einer* Richtung fließt. Völlig zeitlich konstant, also ein eigentlicher Gleichstrom, braucht dieser Strom für viele Verwendungszwecke, z. B. zum Aufladen von Sammlerbatterien, nicht zu sein, doch läßt sich selbst das durch bestimmte Schaltungen weitgehend erreichen. Jeder Gleichrichter wirkt zunächst so, daß er in *einer* Richtung dem elektrischen Strom einen sehr hohen, in der entgegengesetzten aber nur einen sehr geringen Widerstand darbietet, daß er deswegen den Strom nur (oder fast nur) in *einer* Richtung, der „Flußrichtung", durchläßt, in der entgegengesetzten „Sperrichtung" aber sperrt. Ein Gleichrichter ist stets ein ausgeprägt nichtlineares Schaltelement.

Gleichrichterwirkung läßt sich im Grunde mit jedem nichtlinearen Widerstand erzielen, doch strebt man an, den Strom in der Sperrichtung so gut wie möglich zu unterdrücken. Man erhält dann statt des Wechselstromes (a) in der Abb. 30 einen „gepulsten Gleichstrom" (b), der dadurch entsteht, daß der Gleichrichter jeweils nur die Halbperiode des Wechselstroms durchläßt, die in seiner Flußrichtung fließt. Bestimmte Schaltungen mit zwei Gleichrichtern erlauben, beide Halbperioden auszunutzen und einen gepulsten Gleichstrom der Art (c) zu erhalten. Schließlich kann man mittels Kondensatoren, die in den Zeitspannen starken Stromes einen Teil des Stromes aufnehmen und in den Zeitspannen schwa-

chen Stromes wieder in die Leitung abgeben, die Stromkurve
„glätten" (Abb. 30d) und dies so weit treiben, daß ein nahezu
konstanter, richtiger Gleichstrom gewonnen wird.

Gleichrichter sind in der Stark- wie in der Schwachstromtechnik
äußerst wichtige Schaltelemente. In der Starkstromtechnik werden
sie immer gebraucht, wenn Gleichstrom benötigt wird, etwa zu

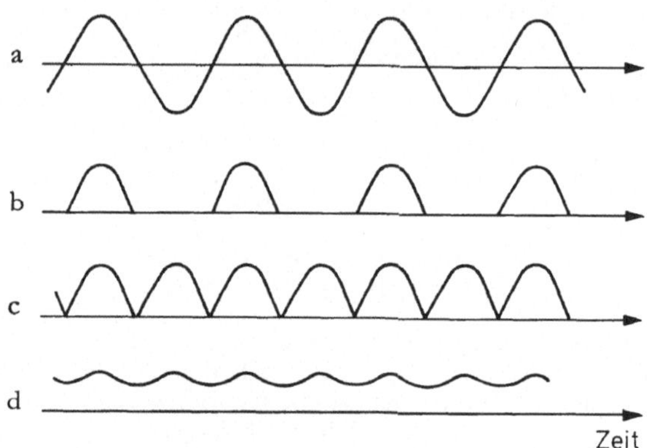

Abb. 30a—d. Zeitkurve eines Wechselstroms (a), eines „gleichgerichteten"
Wechselstroms mit nur den positiven Halbperioden (b), bei Ausnutzung beider
Halbperioden (c) und „geglättete" Kurve (d)

elektro-chemischen Verfahren, zum Aufladen von Sammlerbatterien und ähnlichem, wenn aber — wie heute fast überall —
nur ein Wechselstrom- oder Drehstromnetz vorhanden ist. In der
Schwachstrom-, besonders der Nachrichtentechnik gibt es ebenfalls
zahlreiche Verwendungsmöglichkeiten für Gleichrichter. Eine der
wichtigsten besteht darin, aus einem hochfrequenten, in seiner
Amplitude modulierten Wechselstrom (Abb. 31a) durch Gleichrichtung die in der Modulation enthaltene Information, z. B. die
(niederfrequenten) Schallschwingungen eines Musikstückes, her-
auszuholen (Abb. 31b). In diesem Fall brauchen die Gleichrichter
meist nur für mäßige, oft nur für sehr kleine Leistungen konstruiert zu sein.

Der Halbleitergleichrichter, mit dem wir es hier zu tun haben,
benutzt nun die in einem früheren Kapitel besprochene p-n-Sperr-
schicht in einem elektronischen Halbleiter für die Gleichrichtung.
In der Sperrichtung (Richtung von n nach p) läßt diese Sperrschicht
nur einen äußerst schwachen Strom durch, solange die angelegte

Spannung unterhalb der kritischen Sperrspannung bleibt. Oberhalb dieser Spannung bilden sich allerdings Elektronenlawinen aus, und es erfolgt ein Durchschlag der Sperrschicht, der ihre

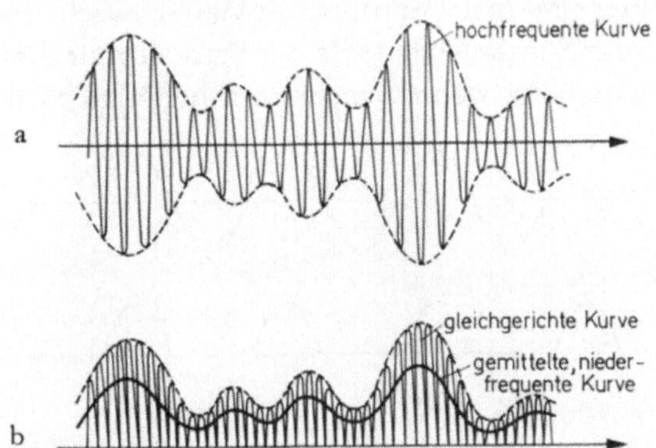

Abb. 31a u. b. Eine gemäß der (gestrichelten) Hüllkurve modulierte hochfrequente Wechselstromkurve (a) liefert nach der Gleichrichtung (b) eine Kurve, die in ihrer gemittelten Kurve die niederfrequente Schwingung der früheren Hüllkurve darbietet

sperrende Wirkung zunichte macht. In der Flußrichtung (Richtung von p nach n) setzt die Sperrschicht dem Stromdurchgang nur einen sehr geringen Widerstand entgegen und erlaubt bei großen Gleichrichtern Ströme von Hunderten von Ampere.

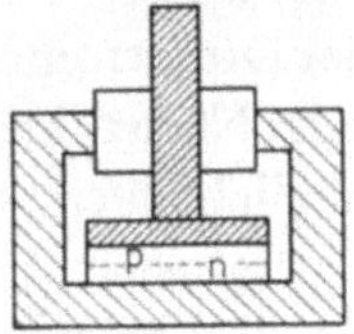

Abb. 32. Halbleitergleichrichter in kompakter Bauweise. Zwischen dem Gehäuse und dem isoliert durchgeführten Metallstempel liegt die Halbleiterpille mit der p-n-Sperrschicht

Besondere Vorteile des Halbleitergleichrichters gegenüber anderen Gleichrichterarten sind seine kompakte Bauweise (Abb. 32), die dadurch bedingte Unempfindlichkeit und vor allem auch völlige Wartungsfreiheit. Nur in der Höhe der Sperrspannung wird er von der Hochvakuum-Elektronenröhre übertroffen.

Gleichrichter waren eine der ersten praktischen Anwendungen der elektronischen Halbleiter, noch ehe man sich über die maßgeb-

lichen Vorgänge in ihnen richtig klar war. Selen und Kupferoxidul waren lange Zeit die wichtigsten Materialien. Heute verdrängt sie das Germanium und insbesondere das Silizium immer

Abb. 33. Zahlreiche kleinere Siliziumleistungsgleichrichter für Autolichtmaschinen. Oben ein Gleichrichter im Schnitt

mehr. Siliziumgleichrichter werden für die verschiedensten Leistungen, von den winzigen Leistungen der Mikroelektronik bis zu großtechnischen Anlagen, hergestellt. Die Abb. 33 zeigt kleinere Siliziumleistungsgleichrichter, wie sie in Autos mit Drehstromlichtmaschine zum Laden der Batterie verwendet werden. Oben im Bild ist vergrößert der Querschnitt eines derartigen Gleichrichters zu sehen. Die gesamte Gleichrichterwirkung steckt in der

Halbleiterpille zwischen dem isoliert durchgeführten Metallstempel und dem Gehäuse.

Gleichrichterdioden für mittlere und größere Leistungen sind durchweg Flächendioden, bei denen also die Sperrschicht in einer Halbleiterpille sich über eine größere Fläche erstreckt. Bei kleinen Leistungen werden aber für spezielle Zwecke auch Punktkontaktdioden aus n-Germanium verwendet, bei denen eine aufgesetzte Metallspitze einen winzigen p-Bereich um die Spitze herum erzeugt. Die Vorläufer derartiger Spitzendioden waren die in der

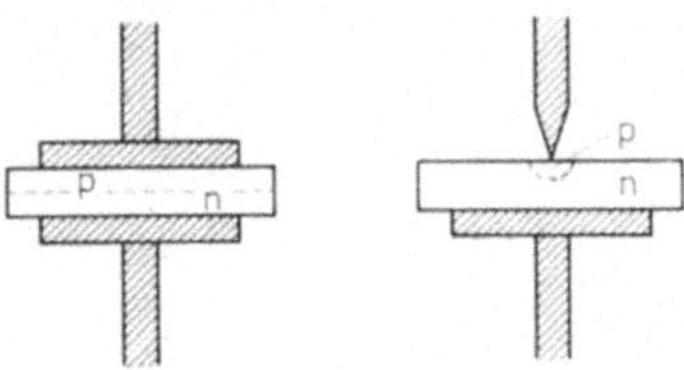

Abb. 34. Schematischer Vergleich zwischen (links) Flächen- und (rechts) Punktkontakt-Gleichrichterdiode

Anfangszeit des Rundfunks in den Empfängern gebräuchlichen Kristalldetektoren. Den Unterschied zwischen Flächen- und Punktkontaktdioden verdeutlicht die Abb. 34.

Siliziumflächendioden erreichen eine Sperrspannung bis über 1000 V, während sie in der Flußrichtung bei Strömen von mehreren 100 A einen Spannungsabfall von weniger als 1 V aufweisen.

Eine scheinbar geringfügige Änderung der Sperrschicht in der Halbleiterpille bewirkt eine völlige Änderung ihrer Funktion, macht aus der Gleichrichterdiode eine sogenannte Tunneldiode, die nach dem Entdecker dieses Effekts, dem Japaner Esaki, auch als Esaki-Diode bezeichnet wird.

In der Gleichrichterdiode sind nämlich beide Seiten der Sperrschicht, die p- und die n-Seite, nur schwach dotiert. Wählt man für beide Seiten eine extrem starke Dotierung, so verhält sich der p-n-Übergang ganz verschieden, bildet überhaupt keine Sperrschicht aus, sondern statt dessen in der Flußrichtung einen sogenannten negativen Widerstand. Die Strom-Spannungs-Charakteristik der jetzt entstandenen Tunneldiode ist in Gegenüberstellung zu derjenigen der Gleichrichterdiode in Abb. 35 gezeichnet.

Das Wegfallen der Sperrwirkung — auch in der bisherigen Sperrrichtung, negative Spannung im Diagramm, fließt jetzt ein starker

Strom — kommt dadurch zustande, daß infolge der hohen Dotierung die *p-n*-Übergangsschicht ungemein dünn wird und außerdem das Elektronengas im Halbleiter entartet ist. Die Elektronen können die dünne Schicht nun infolge des nur quantenmechanisch verständlichen Tunneleffekts nach beiden Seiten ohne Energieverlust durchlaufen. Von diesem Tunneleffekt hat die Diode ihren Namen.

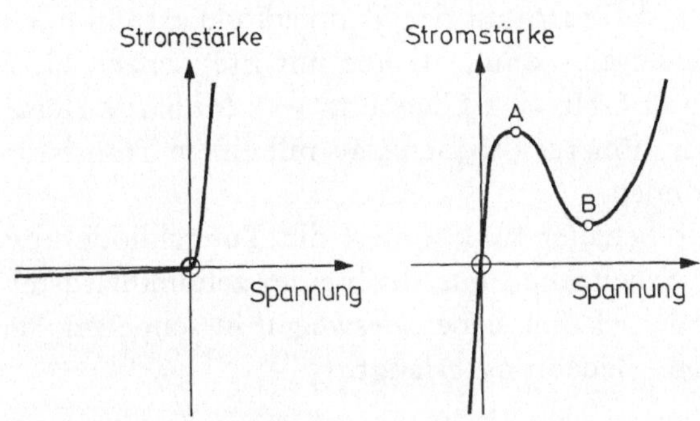

Abb. 35. Die völlig verschiedenen Strom-Spannungs-Charakteristiken der (links) Gleichrichter- und der (rechts) Tunneldiode. Zwischen den Punkten *A* und *B*, wo mit steigender Spannung die Stromstärke wieder abnimmt, stellt die Tunneldiode einen „negativen Widerstand" dar

In der (bisherigen) Flußrichtung wird jedoch bei etwas erhöhter Spannung der Strom bei weiter steigender Spannung (*A* bis *B* in der Abb. 35) wieder schwächer, weil bei steigender potentieller Energie der Elektronen auf der *n*-Seite immer weniger freie Plätze auf der *p*-Seite, schließlich gar keine mehr, zur Verfügung stehen. Erst bei noch höherer Spannung, bei der es bereits keinen Tunnelstrom mehr gibt, tritt der normale Mechanismus des *p-n*-Übergangs in Tätigkeit, der nun den Strom wieder ansteigen läßt.

Ein Stück einer Charakteristik, in dem mit steigender Spannung im Gegensatz zum gewöhnlichen Verhalten der Strom schwächer wird (Teil *AB* der Charakteristik der Abb. 35), nennt man einen negativen Widerstand. Man kann ihn zu verschiedenen wichtigen Aufgaben heranziehen, vor allem zum Verstärken eines Wechselstroms — die zusätzliche Energie stammt dabei aus einer Gleichstromquelle, die die notwendige Vorspannung liefert, durch die man in das fallende Gebiet der Charakteristik kommt —, aber auch zum Ein- und Ausschalten eines Stromkreises mittels eines Spannungsstoßes.

Bei der Tunneldiode kommt nun zu ihrer Wirksamkeit als negativer Widerstand noch ein besonderer Vorzug. Der fallende Teil ihrer Charakteristik liegt ganz im Bereich der Tunnelströme, bei denen die Elektronen die dünne Übergangsschicht fast trägheitslos durchsetzen. Deswegen spielen sich alle Vorgänge dort sehr viel rascher ab als bei gewöhnlichen Übergangsschichten. Die Folge hiervon ist, daß man mit der Tunneldiode extrem hochfrequente Ströme verstärken kann, Ströme mit Frequenzen bis zu 30 und mehr GHz (1 GHz = 1 Gigahertz = 1 Milliarde Hertz, 10^9 Hz), Ströme weit höherer Frequenz, als mit einem Transistor verstärkt werden können.

Auch als Schalter funktioniert die Tunneldiode unvorstellbar rasch, mit Schaltzeiten unterhalb einer zehnmilliardstel Sekunde. Tunneldiodenschalter haben deswegen in schnellen Rechenautomaten große Bedeutung erlangt.

12. Der Transistor

Die Entdeckung des Transistoreffekts 1948 durch Bardeen und Brattain und kurz danach die Konstruktion des Flächentransistors durch Shockley sind die Marksteine der dann lawinenartig anwachsenden Halbleiteranwendungen. Von ihnen an datiert die Umwälzung der elektronischen Technik, aber auch die intensive Festkörperforschung, die erst die verschiedensten Effekte verständlich gemacht hat. Der Transistor ist bis heute das wichtigste Halbleiterschaltelement geblieben und hat die Elektronenröhre, vor der er zahlreiche Vorzüge aufweist, aus vielen Bereichen verdrängt. Seine jährliche Produktionsziffer liegt bei 10 Milliarden Stück, weit mehr, als Menschen auf der Erde leben.

Der Transistor ist eine Triode, bei der mittels einer Spannung an einer Hilfszuleitung der Strom zwischen den beiden Hauptzuleitungen gesteuert wird, hierdurch dann auch ein schwacher Wechselstrom verstärkt werden kann. Diese Aufgabe wurde bis dahin allein von der Elektronen-Verstärkerröhre bewältigt, ebenfalls einer Triode, in der der Strom von der Anode zur Glühkathode (d. h. die Elektronenströmung von der Glühkathode zur Anode) durch eine Spannung an der dritten Elektrode, dem Gitter, gesteuert wird (Abb. 36). Da zu jener Zeit die Elektronenröhre ohne Gitter als Gleichrichterröhre schon längst durch den Halbleitergleichrichter ersetzt werden konnte, lag der Gedanke sehr nahe, aus der Halbleiterdiode durch Zufügung eines dritten

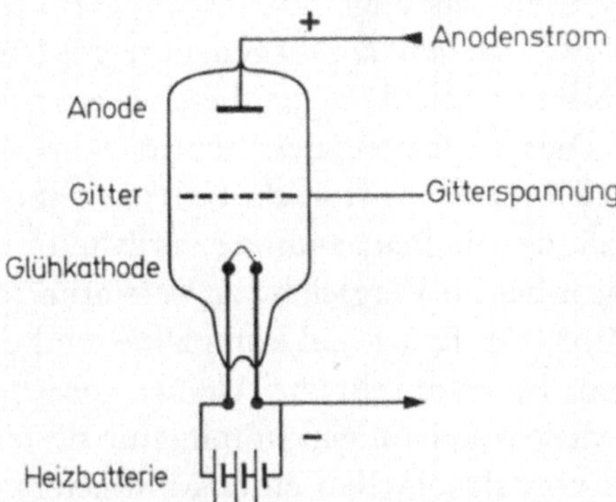

Abb. 36. Schema einer Elektronen-Verstärkerröhre (Triode). Durch Änderung der Gitterspannung läßt sich der Anodenstrom steuern

Anschlusses eine Halbleitertriode zu gewinnen, die als Verstärker ein Analogon zur Elektronen-Verstärkerröhre wäre. Alle Versuche in dieser Richtung schlugen aber lange fehl.

Schließlich fanden Bardeen und Brattain, die bei der Bell Telephone Co. mit einem anderen Ziel Untersuchungen an Germanium und Silizium durchführten, durch Zufall den Transistoreffekt. Sie

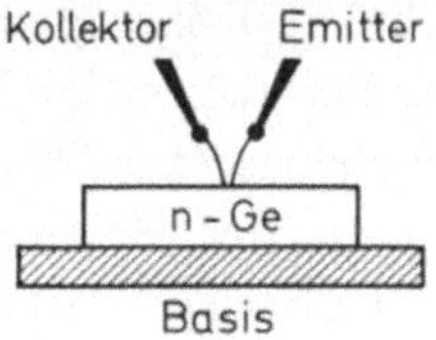

Abb. 37. Schema eines Spitzenkontakt-Transistors. Ein Strom von der „Basis" zum „Kollektor" wird durch eine Spannung am „Emitter" beeinflußt. In dem n-leitenden Germanium bildet sich um jede Spitze herum ein kleiner p-leitender Bereich

setzten (Abb. 37) auf einen n-leitenden Germaniumkristall (später Basis genannt) in äußerst kleinem Abstand, nur $^1/_{20}$ mm bis $^1/_4$ mm voneinander entfernt, zwei feine Metallspitzen auf. Schickten sie von der Basis zu der einen Metallspitze, dem „Kollektor", einen Strom, so beobachteten sie, daß die Stärke dieses Stroms von der Höhe einer Spannung an der anderen Metallspitze, dem „Emitter", erheblich beeinflußt wurde. Die „Steuerelektrode" für den Halbleiter, der Transistoreffekt, war entdeckt. Kurz darauf zeigte im selben Laboratorium Shockley, daß man die feinen Metallspitzen, die nur sehr geringe Leistungen vertragen, gar nicht braucht, daß man vielmehr zwei flächenhaft ausgedehnte p-n-Übergänge einander in enger Nachbarschaft gegenüberstellen kann, um dasselbe zu erreichen. Dies bedeutete den Schritt vom Spitzenkontakttransistor zum Flächentransistor, die sich zueinander etwa wie die Punktkontaktdiode zur Flächendiode verhalten.

Der Transistor hat im Vergleich zur Verstärkerröhre eine Reihe bedeutender Vorteile. Er ist viel kompakter und deswegen weniger empfindlich. Er kann sehr viel kleiner gebaut werden als die Röhre, bei niedrigen Leistungen in miniaturisierter Bauweise mit Abmessungen von Bruchteilen eines Millimeters. Die Ladungsträger, Elektronen und Defektelektronen, existieren in ihm von vornherein, während die Elektronen in der Röhre erst durch Glühen der Kathode freigesetzt werden müssen. Infolgedessen entfällt beim Transistor der Heizkreis, was einen wesentlich höheren Nutzeffekt bewirkt. Am Transistor genügen Gleichspannungen von wenigen Volt gegenüber mehr als 100 V bei der Röhre. Und endlich ist der Transistor auch noch billiger herzustellen als die Röhre. So ist es kein Wunder, wenn er die Elektronenröhre aus zahlreichen Anwendungsgebieten völlig verdrängt hat. Nur in zwei Richtungen bleibt die Röhre dem Transistor überlegen: im Bereich extrem hoher Frequenzen und im Bereich hoher Leistungen, z. B. beim Sendebetrieb von Rundfunkstationen.

Da der Flächentransistor, der leichter herzustellen, weniger empfindlich und viel höher belastbar ist als der Spitzenkontakttransistor, fast allein das Feld behauptet hat, wollen wir uns gleich ihm zuwenden. Ein typischer Flächentransistor ist, in der Schaltung als Verstärker, und zwar in der etwas leichter verständlichen „Basisschaltung", schematisch in Abb. 38 gezeichnet. An ihr können wir seine Wirkungsweise erläutern.

Der Transistor besteht aus einer räumlich schmalen (in Wirklichkeit nur kleine Bruchteile eines Millimeters dicken) n-leitenden Basiszone, an die links eine p-leitende Emitter-, rechts eine p-leitende Kollektorzone anschließt. Er enthält also zwei entgegengeschaltete p-n-Übergangsschichten. Von links nach rechts liegt die Schicht *a* in Flußrichtung, die Schicht *b* in Sperrichtung. Wäre der linke Stromkreis nicht vorhanden, dann würde die Batterie *B* durch die in Sperrichtung liegende Sperrschicht *b* einen sehr schwachen Strom treiben (der Basisstrom würde in diesem Fall von unten nach oben fließen).

Wird nun im linken Stromkreis die Batterie *A* (*ohne* den Wechselstromgenerator *C*) angeschaltet, so treibt sie einen kräftigen

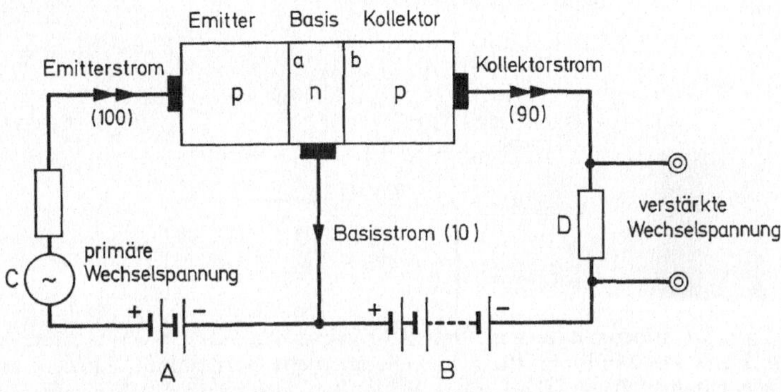

Abb. 38. Beim Flächentransistor befindet sich eine sehr dünne, hier *n*-leitende Zone, die „Basis", zwischen zwei ausgedehnten, hier *p*-leitenden Bereichen, dem Emitter und dem Kollektor. Die Abbildung zeigt die Schaltung dieses *pnp*-Transistors als Wechselstromverstärker („Basis"-Schaltung). Die eingeklammerten Ziffern geben relative Stromstärken in der jeweiligen Pfeilrichtung an

Strom durch die in Flußrichtung liegende Übergangsschicht *a*. Die durch sie nach rechts strömenden Defektelektronen gehen aber nur zum kleinen Teil in den abfließenden Basisstrom, dessen Richtung sie umkehren. Der größte Teil von ihnen diffundiert vielmehr durch die sehr dünne Basiszone hindurch in den Kollektorbereich und erhöht den Kollektorstrom. Ein Beispiel der Stromverhältnisse ist in Abb. 38 angegeben, wobei der Emitterstrom = 100 gesetzt wurde.

Jede Steigerung des Emitterstroms steigert den Kollektorstrom um beinahe ebensoviel. Wegen des geringen Widerstands der in Flußrichtung liegenden Schicht *a* reicht aber eine sehr geringe Spannungserhöhung bei *A* aus, um eine starke Erhöhung des Emitterstroms zu erreichen, wogegen die entsprechende Steigerung des Kollektorstroms am Widerstand *D*, der wegen des hohen Widerstands der Sperrschicht *b* groß gewählt werden darf, eine große Spannungsänderung bedingt. Überträgt man also auf die Gleichspannung der Batterie *A* aus einem Wechselstromgenerator *C* eine schwache Spannungsschwankung, dann erhält man — bei nur wenig geringerer Stromschwankung — im rechten Stromkreis am Widerstand *D* eine sehr viel *höhere* Spannungsschwankung. Das bedeutet eine Leistungsverstärkung der von *C* gelieferten Wechselstromleistung, auf Kosten natürlich einer Energiezufuhr aus den Gleichstrombatterien.

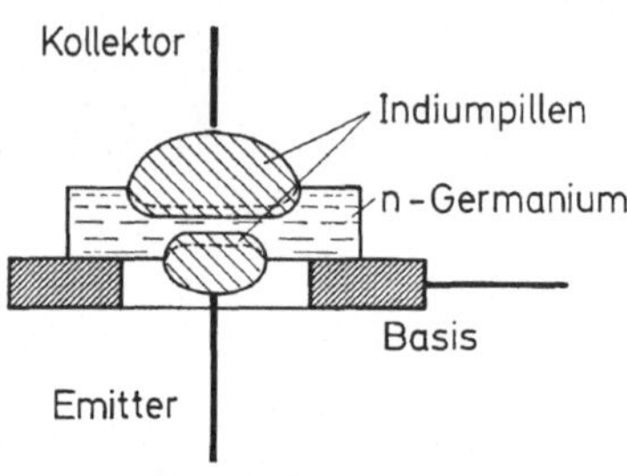

Abb. 39. In diesem legierten Transistor werden in dem *n*-Germanium der Basis durch zwei Indiumpillen, die sich mit dem Germanium legieren, zwei dünne *p*-leitende Zonen geschaffen, die den Kollektor und den Emitter bilden

Im einzelnen sind die Verhältnisse, besonders der räumliche Verlauf der verschiedenen Anteile des Elektronen- und des Defektelektronenstromes, aus denen sich erst die außen auftretenden Ströme zusammensetzen, sehr kompliziert. Grob gesehen kann man aber sagen, daß die Beeinflussung des Kollektorstroms durch den Emitterstrom und damit die Grundlage der Leistungsverstärkung eines Wechselstroms durch die gegenseitige Beeinflussung der beiden sehr eng benachbarten Übergangsschichten *a* und *b* zustande kommt.

Das Schema der Abb. 38 wird nicht bei allen Transistoren befolgt. Häufig wird gerade umgekehrt die schmale Basiszone *p*-leitend und werden die angrenzenden beiden anderen Zonen *n*-leitend gemacht. Man spricht dann von einem *npn*-Transistor im Gegensatz zu dem *pnp*-Transistor der Abb. 38. Im *npn*-Transistor müssen die Batterien gerade umgekehrt gepolt werden, und alle Ströme fließen in der umgekehrten Richtung. Auch werden vielfach, um den Transistor für höhere Frequenzen brauchbar zu machen, noch vierte Schichten eingelegt, z. B. in der Reihenfolge *pnip*, wobei *i* eine sehr niedrig dotierte *n*-Schicht bedeutet. Im

Gegensatz dazu werden auch sehr hoch dotierte *p*-Schichten zwischen der normalen Kollektor-*p*-Schicht und ihrem metallischen Kontakt angewandt. Schließlich ist noch die Schichtfolge *pnpn* zu erwähnen mit Kontakten an allen vier Schichten, eine Transistor-

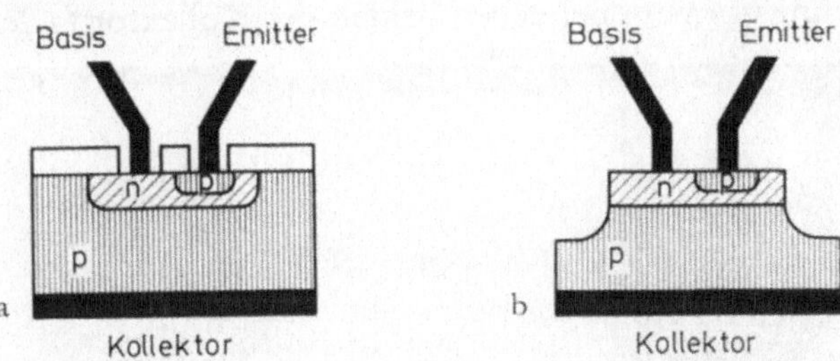

Abb. 40a u. b. Je nach Fertigungsmethode erhält man den Planartransistor (a) oder den Mesatransistor (b). Bei beiden ist nur die Form verschieden. Der *n*-Bereich im *p*-leitenden Kristall, und in ihm wieder der kleinere *p*-Bereich, werden durch Eindiffundieren von Fremdatomen gewonnen

tetrode, die man als zwei gekoppelte Transistoren auffassen kann, und die es gestattet, zwischen zwei stabilen Stromzuständen schnell hin- und herzuschalten.

Doch schon der gewöhnliche *pnp*-Transistor erlaubt in der räumlichen Anordnung der Schichten verschiedene Variationen.

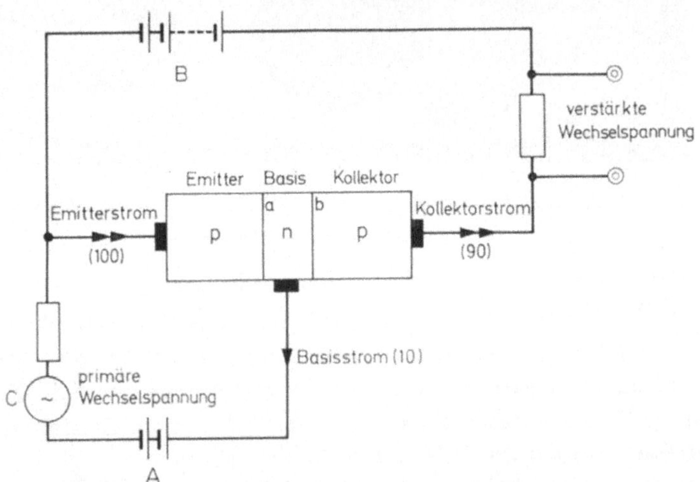

Abb. 41. Die Emitterschaltung des Transistors unterscheidet sich von der Basisschaltung (Abb. 38) dadurch, daß jetzt die Emitterzuführung beiden Stromkreisen gemeinsam ist

Eine, bei der die Basisschicht, ein in der Mitte dünner gemachtes, n-leitendes Germaniumplättchen, beiderseits eine Indiumpille einlegiert enthält, die an ihrer der Basis zugekehrten Oberfläche eine p-leitende Zone schafft, gibt die Abb. 39 wieder. Zwei andere Ausführungsformen, bei denen beiden der Kollektor (p-leitendes

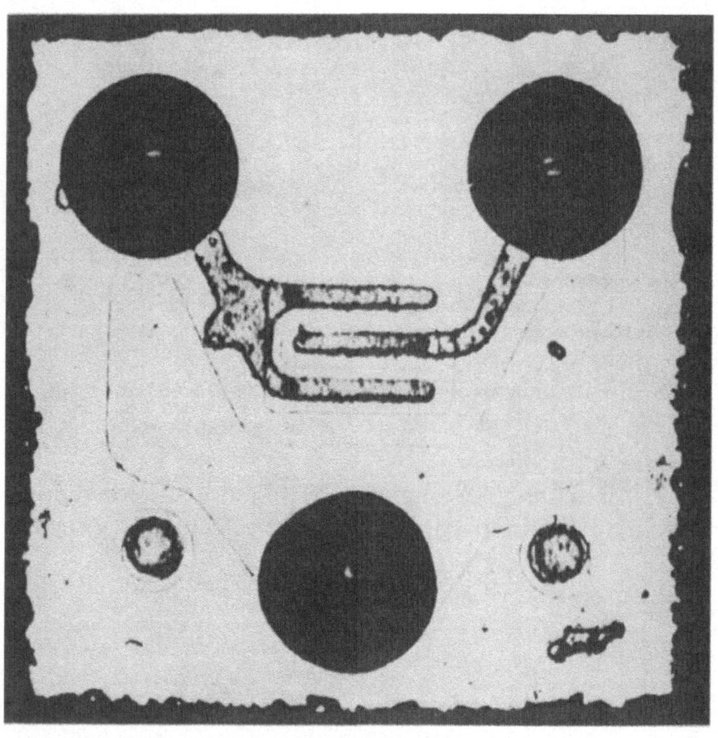

Abb. 42. Stark vergrößerte Aufnahme eines Mikrotransistors, dessen wirkliche Kantenlänge nur 0,8 mm beträgt

Silizium) auf der Grundplatte sitzt und Basis und Emitter als kleine Inseln oben aufgebracht sind, veranschaulicht die Abb. 40. Die Anordnung a nennt man einen Planartransistor, die Anordnung b einen Mesatransistor. Beim Planartransistor sind die Basis- und die Emitterinsel in die ebene Oberfläche der Kollektorgrundplatte aus n-Silizium (oder n-Germanium) eingelassen.

Auch in der Schaltung eines Transistors gibt es Unterschiede. Häufiger noch als die in Abb. 38 gezeichnete Basisschaltung, bei der die Basiszuleitung den beiden Stromkreisen gemeinsam ist,

wird die Emitterschaltung (Abb. 41) verwendet, die eine beiden
Stromkreisen gemeinsame Emitterzuleitung besitzt. In Abb. 41 ist
wieder, wie in Abb. 38, das Verhältnis Emitter- zu Kollektor- zu
Basisstrom wie 100:90:10 angenommen. Die Stromverstärkung
vom A-Kreis zum B-Kreis ist jetzt aber der Quotient Kollektor-

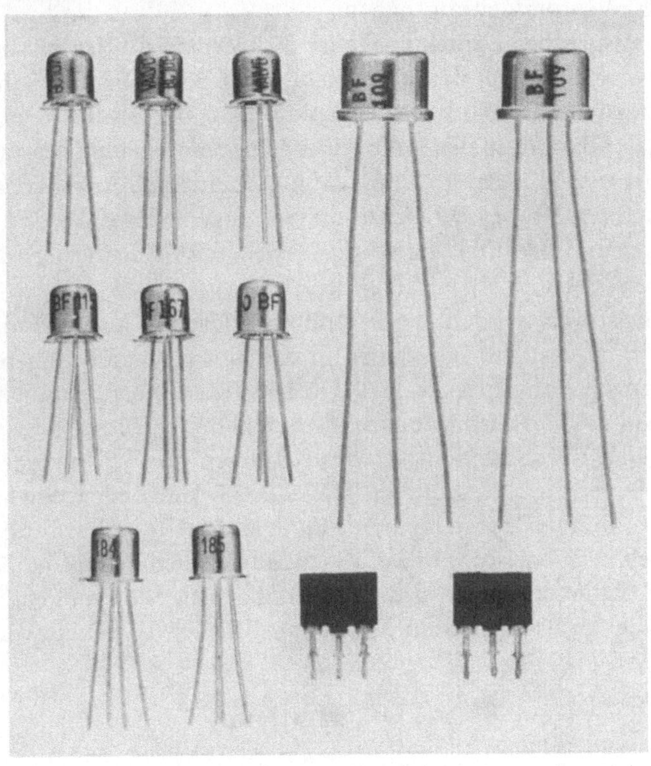

Abb. 43. Einige mittelgroße Transistoren im Gehäuse. Manche sind Transistor-
Tetroden mit 4 Zuleitungen

strom durch Basisstrom, demnach 9fach. Die Arbeitsweise des
Transistors in dieser Schaltung kann man sich so klarmachen: Bei
Abschaltung des Stromkreises A würde die Batterie B einen nur
ganz schwachen Strom durch die in Sperrichtung liegende Übergangsschicht b treiben. Schaltet man die Batterie A an, so veran-
laßt *sie* einen starken Strom durch die in Flußrichtung liegende
Übergangsschicht a. Die diesen Strom in der Schicht a tragen-
den Defektelektronen kommen aber nur zum kleinen Teil dem

abfließenden Basisstrom zugute; der größte Teil diffundiert durch die dünne Basisschicht hindurch und verstärkt den Kollektorstrom, der auf diese Weise viel stärker wird als der Basisstrom. Eine dritte Schaltungsmöglichkeit ist die hier nicht gezeichnete Kollektorschaltung, bei der die beiden Stromkreise eine gemeinsame Kollektorzuleitung haben.

Ein ausgeführter Silizium-Planar-Mikrotransistor ist in Abb. 42 stark vergrößert in der Draufsicht zu sehen. Die drei großen schwarzen Kreise sind die Metallkontakte der Kollektorgrundplatte, der Basis- und der Emitterinsel. Die Kantenlänge des ganzen Transistors beträgt nur 0,8 mm. Abb. 43 zeigt eine Anzahl fertiger Transistoren größerer Dimension, an denen freilich außer dem Gehäuse und den drei Zuleitungen (bei einigen auch vier; Transistortetroden) nichts zu erkennen ist.

Transistoren werden aus p- und n-dotiertem Germanium und Silizium hergestellt. Sie können in der Normalausführung bis zu Frequenzen von etwa 20 MHz, in speziellen Ausführungen des Germanium-Mesatransistors rund 100mal höher, bis zu ca. 2 GHz verwendet werden. Die Ausgangsleistungen von Leistungstransistoren liegen durchweg unter $^1/_2$ kW. Die stärkste Bedeutung haben jedoch die Transistoren kleinerer und ganz geringer Leistung. Die letzteren erlauben durch ihre Mikrobauweise eine extreme räumliche Zusammendrängung auch komplizierter Schaltungen, worüber wir im übernächsten Kapitel ausführlich sprechen werden.

13. Der Thyristor

Eine ebenfalls viel benutzte Halbleitertriode, die eine gewisse Verwandtschaft mit dem Transistor hat, aber anderen Zwecken dient, ist der Thyristor, auch Stromtor genannt. Er wird vor allem zum Einschalten starker Ströme mittels eines schwachen Stromimpulses herangezogen, aber auch zum stufenlosen Regeln eines Wechselstroms.

Der Thyristor (Abb. 44) ist eine Vierschichtanordnung $pnpn$, an deren p-Ende der Pluspol des Hauptstromes (Anode A) gelegt wird, während ihr n-Ende den Minuspol (Kathode K) bildet. Der mittlere p-Bereich trägt die Steuerzuleitung S. Man kann den Thyristor in seiner Arbeitsweise als einen kombinierten npn- und *pnp*-Transistor auffassen (Abb. 45). Natürlich sperrt diese Anordnung, solange an die Steuerelektrode keine Spannung gelegt wird, in beiden Richtungen. Denn bei der Polung der Abb. 44 liegt die Übergangsschicht *b*, bei der entgegengesetzten Polung

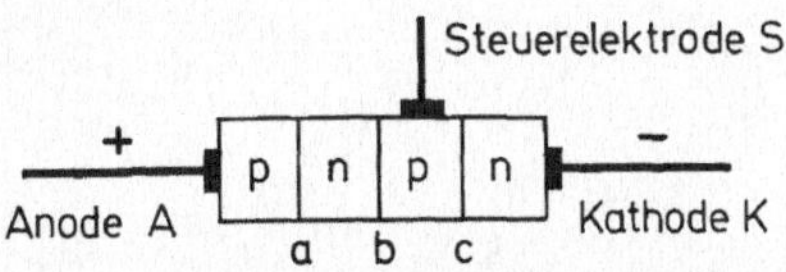

Abb. 44. Schema des Thyristors. Mittels eines positiven Spannungsimpulses an der Steuerelektrode wird der zunächst gesperrte Strom von der Anode zur Kathode eingeschaltet

liegen die Übergangsschichten *a* und *c* in Sperrichtung. Legt man jedoch bei Polung der Enden gemäß Abb. 44 an die Steuerelektrode, an den inneren *p*-Bereich, eine positive Spannung, so fließt ein Steuerstrom durch die in Flußrichtung liegende Schicht *c*. Die von dem äußeren *p*-Bereich herströmenden Elektronen diffundieren durch den dünnen, inneren *p*-Bereich hindurch (wie in einem *npn*-Transistor) und stören die Sperrschicht *b*, die jetzt für den Hauptstrom durchlässig wird.

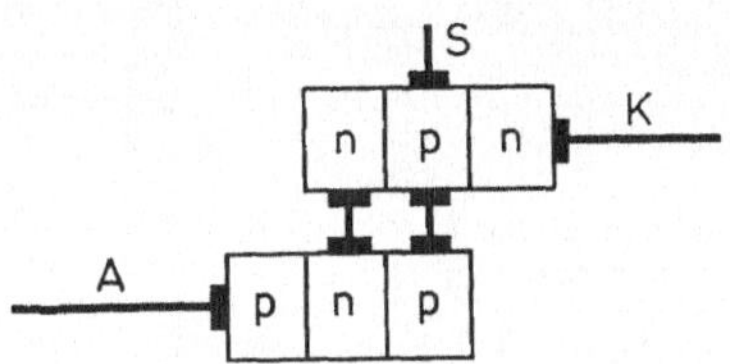

Abb. 45. Der aus 4 Schichten bestehende Thyristor (Abb. 44) kann als eine Kombination eines *npn*- und eines *pnp*-Transistors aufgefaßt werden

Eine Spannung von wenigen Volt an der Steuerelektrode und ein Steuerstrom von im allgemeinen weniger als $^1/_{10}$ A genügen, den Thyristor für den Hauptstrom in der Richtung A nach K (und nur in dieser Richtung, in der entgegengesetzten sperrt er auch dann bis rund 1000 V) völlig durchlässig zu machen. Er bietet in diesem Zustand dem Hauptstrom einen derart geringen Widerstand, daß bei größeren Thyristoren ein Strom von Hunderten von Ampere nur einen Spannungsabfall am Thyristor von 1 V oder wenig darüber bedingt. Wenn der Hauptstrom fließt, kann die

Steuerspannung, die nun keinen Einfluß mehr hat, wieder weggenommen werden. Ein kurzzeitiger Spannungsimpuls an der Steuerelektrode schaltet daher den Hauptstrom endgültig ein, ein

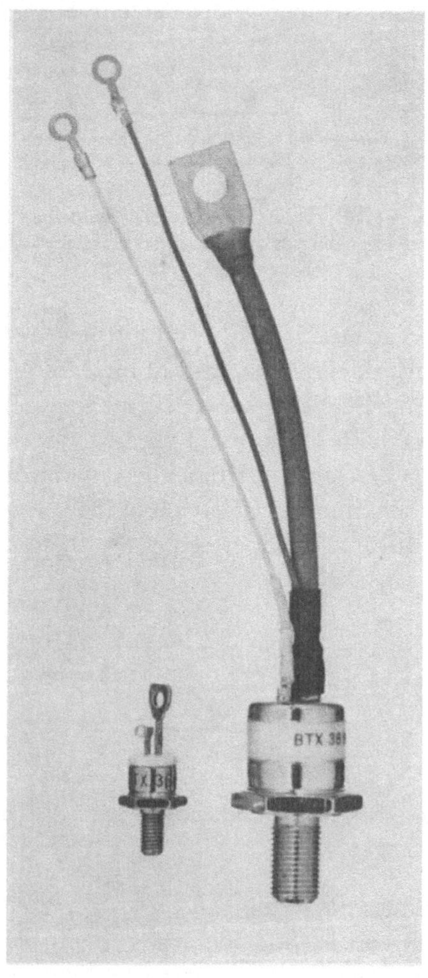

Abb. 46. Zwei Thyristoren, der kleinere für ca. 10 A, der größere für ca. 60 A
Höchst-Dauerstrom

Vorgang, den man in Anlehnung an die ähnlich wirkende Thyratron-Elektronenröhre als Zündung bezeichnet. Vor der Thyratron-Röhre hat der Thyristor den Vorteil viel geringerer Durchlaßverluste und viel kürzerer Schaltzeiten.

*Aus*schalten kann man den einmal fließenden Gleichstrom mit Hilfe von Steuerspannungen nicht. Dies muß anderweitig geschehen. Der Hauptstrom reißt erst ab, wenn die Spannung zwischen Anode und Kathode des Thyristors unter einen bestimmten, sehr niedrigen Wert sinkt.

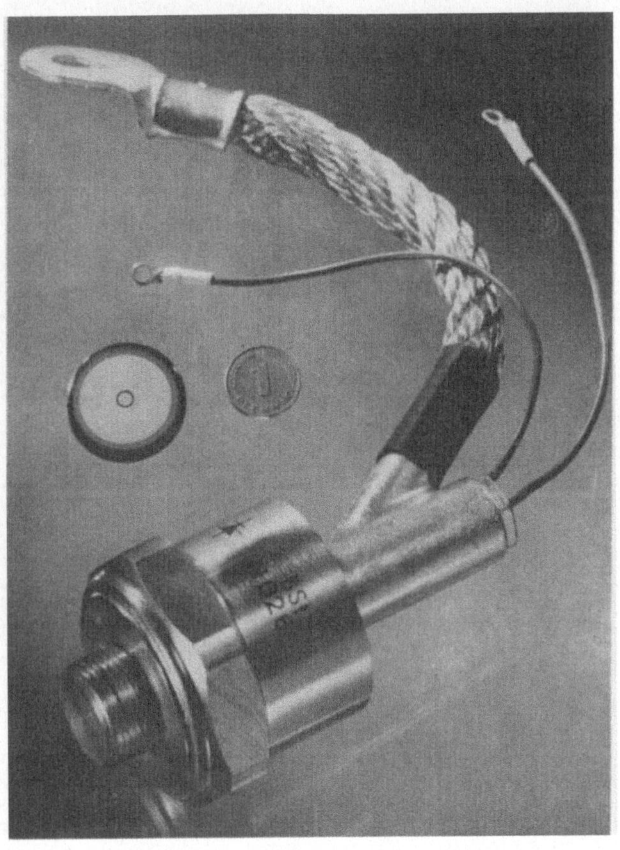

Abb. 47. Starkstrom-Thyristor. Daneben die 4-Schicht-Halbleiterpille im Größenvergleich zu einem 1-Pfennig-Stück

Schaltet man den Thyristor in einen Wechselstromkreis ein und versieht die Steuerelektrode mit einer konstanten positiven Spannung, so zündet der Thyristor jedesmal, wenn die ansteigende positive Spannung des Wechselstroms einen bestimmten Wert erreicht, und der Hauptstrom erlischt wieder, kurz ehe diese

Spannung durch Null geht. Die negative Halbperiode des Wechselstroms bleibt gesperrt. Der Thyristor wirkt in diesem Fall als Gleichrichter des Wechselstroms, jedoch mit dem Unterschied gegenüber einer Gleichrichterdiode, daß der Durchlaß der positiven Halbperiode nicht von Anfang an, sondern erst nach Anstieg

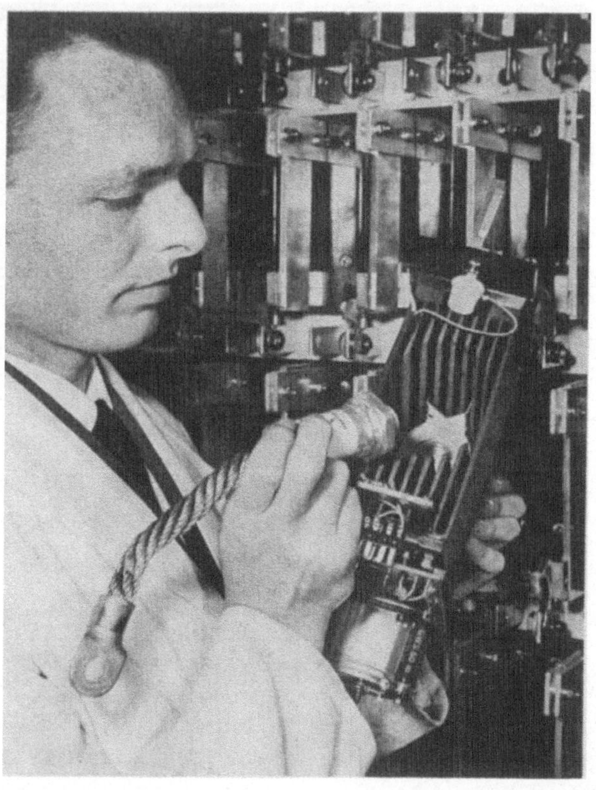

Abb. 48. Ein Thyristor wird in ein größeres Schaltelement eingesetzt

auf eine bestimmte Mindestspannung erfolgt. Diese Mindestspannung hängt von der Höhe der positiven Steuerspannung ab. Man kann deshalb mit Hilfe der Steuerspannung bestimmen, welcher Anteil der positiven Halbperiode des Wechselstroms durchgelassen wird. Aus diesem Grunde bezeichnet man den Thyristor auch als gesteuerten Gleichrichter. Mit ihm läßt sich durch Änderung der Steuerspannung die Leistung des gleichgerichteten Wechselstroms kontinuierlich und nahezu verlustfrei regeln.

Ähnlich wie bei der Gleichrichterdiode kann man natürlich auch hier bei Verwendung von zwei Thyristoren in einer geeigneten Schaltung beide Halbperioden des Wechselstroms ausnutzen.

Der Thyristor findet in der Starkstromtechnik ausgedehnte Verwendung, weil er die Schaltung und Regelung von Strömen bis etwa 500 A ohne bewegliche Teile, nahezu verlustfrei und so gut wie trägheitslos erlaubt. Die Halbleiterschichtung wird meist in Form einer flachen runden Pille ausgeführt, die alle vier Schichten aus entsprechend dotiertem Silizium ganz dünn übereinander enthält. Sie wird in ein massives Metallgehäuse eingeschlossen, das die eine Hauptzuleitung bildet, während die andere als dickes Kabel und die Steuerelektrode als dünne Leitung herausgeführt sind. Für je größere Leistungen der Thyristor bestimmt ist, desto größer müssen seine Abmessungen sein; evtl. muß für eine verstärkte Wärmeableitung gesorgt werden.

In der Abb. 46 sind zwei Thyristoren, ein kleinerer und ein größerer, in der Abb. 47 ist ein noch größerer zu sehen. Die beiden größeren Thyristoren haben je zwei Steuerzuleitungen. Abb. 47 zeigt daneben noch die Halbleiterpatrone selbst, die die ganze Schaltfunktion übernimmt, im Vergleich mit einem 1-Pfennig-Stück. In Abb. 48 endlich setzt ein Wissenschaftler des Europäischen Kernforschungszentrums CERN gerade einen Siliziumthyristor in eine umfangreiche Apparatur ein.

14. Die miniaturisierte Bauweise

Einer der wichtigsten Gründe für die starke Ausbreitung von Halbleiterschaltelementen und für ihre revolutionierende Wirkung auf die gesamte Elektronik ist in der Möglichkeit zu suchen, Halbleiteranordnungen, falls sie für nur geringe Leistungen benötigt werden, in winzigen Abmessungen und auch mit winzigem Energiebedarf herzustellen. Diese miniaturisierte Bauweise hat erst die elektronische Ausstattung von Weltraumfahrzeugen erlaubt, hat aber auch die irdische Nachrichtentechnik gewaltig umgestaltet und hat eine neue Generation von Computern, von elektronischen Datenverarbeitungsgeräten, aufkommen lassen, die eine weit höhere Leistungsfähigkeit haben als die früheren, die noch mit Röhren bestückt waren.

Die miniaturisierte Bauweise kann auf Transistoren angewandt werden, aber auch auf Gleichrichterdioden, auf einfache Widerstände und andere Bauteile einer Schaltung. Dafür sind besondere technologische Verfahren ersonnen worden, die vor allem vom Vakuum-Aufdampfen der verschiedensten Materialien — von Halbleitern, Dotierungsstoffen, Metallen, Nichtleitern — auf einen Grundkristall Gebrauch machen, wobei durch entsprechende Masken immer diejenigen Teile der Fläche abgedeckt werden, die keine Schicht des betreffenden Stoffes bekommen sollen. Die Masken werden meist direkt auf die Schicht mit einem Photo-Ätzverfahren aufgebracht.

In Abb. 49 sind 6 Stufen der Herstellung eines *npn*-Silizium-Planartransistors wiedergegeben. Der Grundsiliziumkristall wird (a) zunächst mit einer sehr dünnen, nichtleitenden Siliziumdioxidschicht (SiO_2) bedeckt. Diese erhält einen noch dünneren Überzug aus einem Photolack (nicht gezeichnet), der die Eigenschaft hat, an den Stellen, wo er belichtet und ähnlich einem Photofilm entwickelt wurde, der Flußsäure, die das SiO_2 auflöst, den Zutritt zu gestatten, an den unbelichteten Stellen nicht. Die Maske mit dem gewünschten Muster für die Abätzung des SiO_2

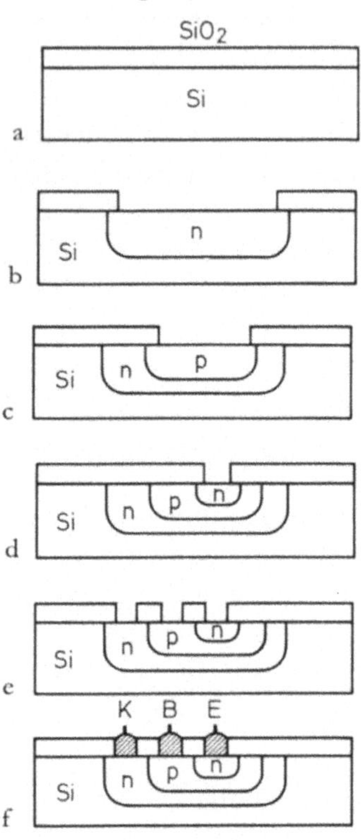

Abb. 49 a—f. Sechs Stufen aus der Herstellung eines diffundierten Silizium-Planar-*npn*-Transistors. Sämtliche Schichten sind der Deutlichkeit halber übertrieben dick gezeichnet

wird also photographisch nach einem vergrößerten Vorbild erzeugt und nach dem Abätzen wieder weggelöst.

Nun dampft man (b) Phosphor auf und läßt ihn bei hoher Temperatur an den von SiO_2 befreiten Stellen in das Si eindiffundieren, wodurch sich eine *n*-Schicht bildet, deren Dicke man mittels Temperatur und Diffusionszeit beliebig regeln kann. Dann folgt (c) in ähnlicher Weise eine engere Maskierung und eine Eindiffusion einer enger begrenzten Schicht von Boratomen, die eine eingelagerte p-Schicht aufbauen. Nach noch engerer Maskierung (d) wird

Abb. 50. In einem Fingerhut haben Hunderte fertiger Mikrotransistoren Platz. Daneben ein zusammengesetzter Modul. Oben zum Größenvergleich eine Elektronen-Verstärkerröhre und zwei normale Transistoren im Gehäuse

schließlich eine weitere n-Schicht hergestellt, jede folgende dünner als die vorhergehende. Nun werden (e) durch Abätzen des SiO_2 an drei Stellen (neue Maskierung) und (f) Aufdampfen von Aluminium an diesen Stellen, sowie Anbringen von Zuleitungen an

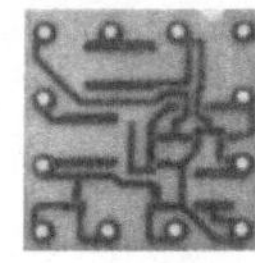

Abb. 51. Fünf Fertigungsschritte eines zusammengesetzten Moduls im Größenvergleich mit einem Schlüssel

Abb. 52. Mit der Reduktionskamera wird das vergrößert entworfene Muster der Masken in Miniaturgröße auf die Halbleiterplättchen übertragen

den entstandenen Aluminiumköpfen, der Kollektorkontakt C, der Basiskontakt B und der Emitterkontakt E gefertigt, wonach der Transistor funktionsbereit ist.

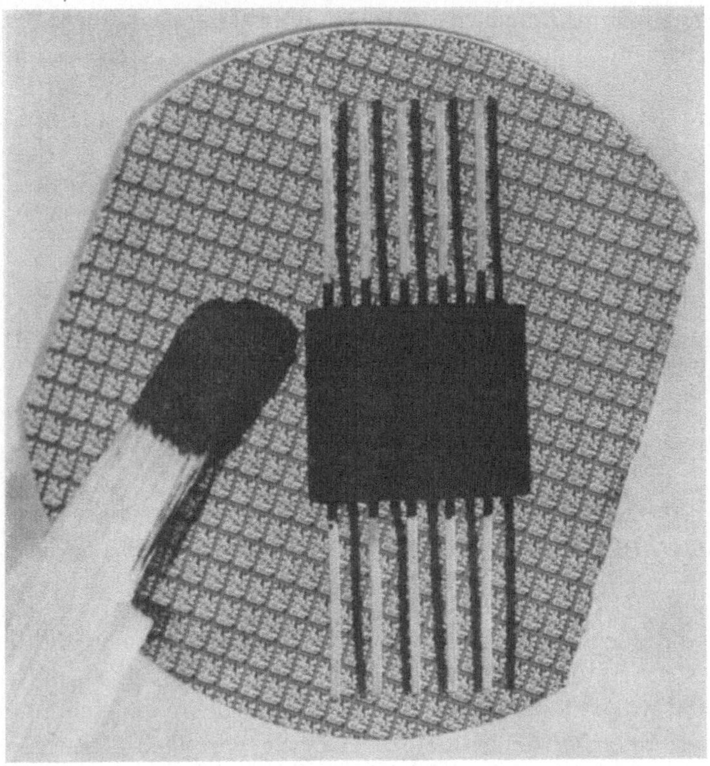

Abb. 53. Auf *einem* Kristallplättchen (Größenvergleich: Streichholzkopf) werden über 400 identische miniaturisierte Schaltungen untergebracht. Darüber liegend: eine fertig montierte Verstärkerschaltung in einer Plastikhülle

Das gesamte Verfahren umfaßt also zahlreiche aufeinanderfolgende Bedampfungs-, Belichtungs- und Entwicklungs-, Abätzungs- und Ablösungs- sowie Diffusionsstufen. Die aufeinanderfolgenden Masken unterschiedlicher Muster müssen äußerst exakt in ihrer Lage koordiniert werden, bis auf etwa einen tausendstel Millimeter, da sonst die Schichten, Metallkontakte usw. nicht richtig zueinander liegen würden. Auch werden oft noch kompliziertere Schichtenfolgen gewählt, die noch mehr Fertigungsstufen notwendig machen.

Schon bei der Produktion von Einzeltransistoren nach dieser
Methode, die man nachträglich mit anderen Schaltelementen zu
ganzen Schaltungen, sogenannten Moduln, zusammensetzt, werden stets sehr viele, oft Hunderte gleichartiger Anordnungen auf
einem Siliziumscheibchen erzeugt und hinterher mit einem Präge-
mechanismus auseinandergeschnitten. Die Abb. 50 vermittelt

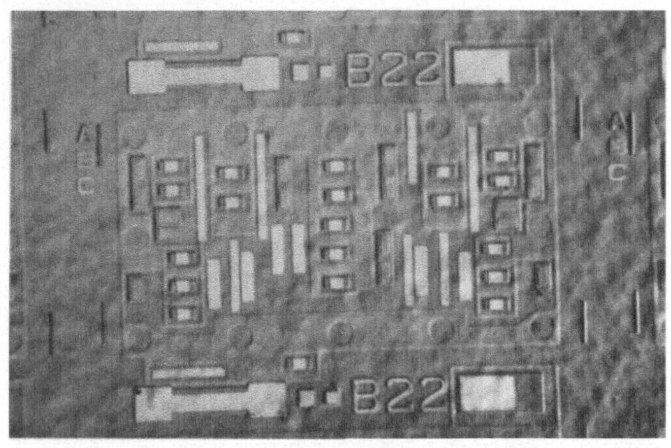

Abb. 54. Drei durch verschiedene Tönung unterschiedene Fertigungsstufen
einer miniaturisierten Schaltung

einen Eindruck von den winzigen Abmessungen derartiger Mikrotransistoren, die, nur Bruchteile eines Millimeters groß, zu Hunderten in einen Fingerhut gehen. Zum Größenvergleich ist eine
Elektronenröhre abgebildet sowie zwei gewöhnliche Transistoren
im Gehäuse. Außerdem sieht man einen aus Mikrobauelementen
zusammengeschalteten Modul. Die Abb. 51 gibt 5 Herstellungs-
schritte eines Moduls im Größenvergleich mit einem Schlüssel
wieder.

Neuerdings werden aber Moduln nicht mehr aus einzelnen Mi-
kroteilchen zusammengesetzt, sondern die ganze Schaltung wird
als sogenannte integrierte Schaltung auf *einem* Kristallplättchen
in *einem* Zug hergestellt. Die Verfahren hierzu sind dieselben, wie
sie auch zur Fertigung eines Mikro-Einzeltransistors dienen. Es
müssen nur wesentlich kompliziertere Masken und unter Umständen mehr Arbeitsgänge angewandt werden. Aus dieser Technologie zeigt z. B. die Abb. 52 eine Reduktionskamera, mit deren

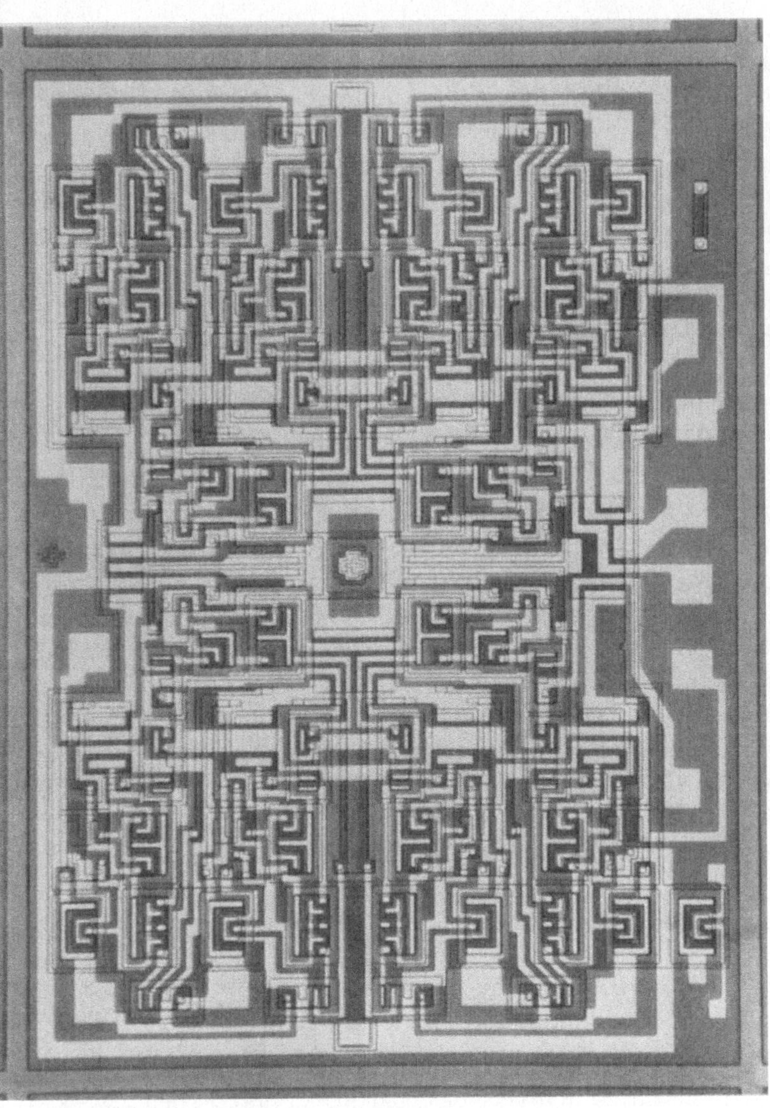

Abb. 55. Diese komplizierte miniaturisierte Schaltung, die hier stark vergrößert wiedergegeben ist, enthält auf einer Fläche von 1,7 × 2,3 mm 132 Bauelemente

Hilfe eine komplizierte Maske, die erst in großem Maßstab gezeichnet wurde, stark verkleinert, eben im Mikromaßstab, auf den Photolack, der den Halbleiterkristall bedeckt, übertragen wird, und zwar gleich hundertemal in exakt demselben Muster nebeneinander auf *ein* Kristallplättchen. Auf der Kristallscheibe der

Abb. 53 z. B. sind mehr als 400 integrierte Schaltungen untergebracht. Darüber befindet sich zum Größenvergleich ein Streichholz sowie ein montierter Verstärker im Plastikgehäuse mit 10 Anschlüssen (die dunklen Striche sind deren Schatten). Eine einzelne integrierte Schaltung in einem Zwischenzustand zeigt die Abb. 54. Hier sind drei verschiedene Muster zu erkennen, unterschieden durch verschiedene Tönung, die auf photographischem Weg eingeätzt worden sind. In Abb. 55 endlich ist eine sehr komplizierte integrierte Schaltung aus 132 Bauelementen, stark vergrößert, zu sehen. In Wirklichkeit beansprucht die ganze Schaltung nur eine Fläche von $1,7 \times 2,3$ mm.

Dies möge genügen, um einen Eindruck von der miniaturisierten Bauweise zu geben. Sie hat in den letzten Jahren noch weitere Fortschritte gemacht. So ist man dazu übergegangen, für Teile derselben Schaltung die Vorder- *und* die Rückseite eines Halbleiterplättchens heranzuziehen. Der neueste Zug zielt sogar auf die sogenannte monolithische Struktur (teilweise wird der Ausdruck „Monolith" allerdings für *alle* auf *einem* Kristall untergebrachten Schaltungen gebraucht). Hier werden die einzelnen Schaltelemente, auch wieder durch verfeinerte Diffusionsvorgänge, im Innern eines Halbleiterblocks räumlich verteilt hergestellt. Sie sind kaum mehr voneinander getrennt zu unterscheiden, gehen ineinander über, bewirken aber doch zusammen den gewünschten Effekt, so daß ein kleines Stückchen eines allerdings in raffinierter Weise strukturell veränderten Halbleiters mit einigen an den richtigen Stellen angebrachten Zuleitungen die Rolle z. B. eines mehrstufigen Verstärkers übernimmt.

15. Heißleiter, Photowiderstand und Feldplatte

Die weiteren Halbleiterschaltelemente, die wir noch besprechen wollen und die zu den verschiedenartigsten praktischen Zwecken dienen, sind fast durchweg Dioden. In diesem und dem nächsten Kapitel sind es speziell Anordnungen, bei denen der Zustand eines Halbleiters durch äußere Einflüsse, durch Wärme, Licht oder ein Magnetfeld, geändert wird. Und zwar beginnen wir mit den passiven Schaltelementen, die an eine besondere Stromquelle angeschlossen werden müssen und allein auf die Weise wirken, daß sie infolge der äußeren Einflüsse ihren elektrischen Widerstand erhöhen oder erniedrigen. In der Mehrzahl bestehen diese aus homogenem Halbleitermaterial zwischen zwei Elektroden, doch werden auch Übergangsschichten verwendet.

Am einfachsten verständlich ist der Einfluß von Wärme. Früher schon haben wir davon gesprochen, daß und warum die Eigenleitung der elektronischen Halbleiter durch steigende Temperatur außerordentlich stark erhöht wird. Die gesteigerte thermische Molekularbewegung erzeugt eine rasch ansteigende Zahl von Elektron-Loch-Paaren, die den Widerstand des Halbleiters vermindern. Ein schwach dotierter Halbleiter zwischen zwei Metallelektroden stellt also bei normaler Temperatur einen hohen Widerstand dar, leitet aber mit steigender Temperatur immer besser. Für 200°C Temperaturerhöhung kann eine Widerstandsabnahme um den Faktor 1000 und mehr eintreten. Einen ähnlichen Effekt zeigt übrigens auch ein in Sperrichtung geschalteter *pn*-Übergang. Der bei niedriger Temperatur sehr geringe Sperrstrom steigt mit Erhöhung der Temperatur beträchtlich an.

Man nennt derartige Schaltelemente Heißleiter, da sie nur in heißem Zustand gut leiten. Auch Ausdrücke wie Thermistor und andere sind üblich. Für Heißleiter kann man verschiedene Halbleitermaterialien wählen und braucht keine Einkristalle. Meist benutzt man polykristalline Oxide. Bei Auswahl geeigneter Stoffe kann man die Heißleiter sehr hitzefest gestalten. So ist z. B. ein Thermistor für Temperaturen bis 2200°C entwickelt worden, dessen Halbleiter eine Mischung von Zirkonium- und Yttriumoxid ist, während die Stromzuleitungen aus Iridium-Rhodium und die Isolation aus Berylliumoxid bestehen, alles höchst hitzebeständigen Materialien.

Thermistoren dienen zur elektrischen Temperaturmessung, insbesondere aber als Temperaturfühler, die die Aufgabe haben, einen Strom bei einer bestimmten Temperaturgrenze ein- oder auszuschalten, oder zu sonstigen Regelzwecken. Übrigens gibt es auch Halbleiter mit gerade entgegengesetzten Eigenschaften, Kaltleiter, die innerhalb eines bestimmten Temperaturgebiets mit steigender Temperatur ihren Widerstand nicht vermindern, sondern erhöhen.

Wie durch Erwärmung läßt sich der Widerstand von Halbleitern auch durch Einstrahlung von Licht verkleinern. Auf diese

Weise lassen sich lichtempfindliche elektrische Schaltelemente herstellen, zunächst sogenannte Photowiderstände.

Jede Befreiung von Elektronen durch Licht wird als Photoeffekt bezeichnet. Man unterscheidet den äußeren und den inneren Photoeffekt. Der äußere Photoeffekt beruht darauf, daß das auf eine Metallplatte auftreffende Licht aus dem Metall Elektronen auslöst, die ins Vakuum austreten und in einer Vakuum-Photozelle einen der Lichteinstrahlung proportionalen Elektronenstrom bilden. Elektronen werden jedoch nur ausgelöst, wenn die Energie $h\nu$ eines einzelnen Photons der Lichtstrahlung der Frequenz ν (h Plancksche Konstante) mindestens gleich der Austrittsarbeit A des betreffenden Metalls ist, der Arbeit, die nötig ist, um ein Elektron aus dem Innern des Metalls in den Außenraum zu befördern.

Bei den lichtempfindlichen Halbleitern handelt es sich im Gegensatz dazu um den inneren Photoeffekt. Das Licht, das hierbei ein Stück weit in den Halbleiter eindringen muß, macht im Innern des Halbleiters Elektronen frei, die dann natürlich ein „Loch" hinterlassen. Das Licht schafft also zusätzliche Elektronen-Loch-Paare, die den Widerstand des Halbleiters nach Maßgabe ihrer Anzahl, nach Maßgabe also der eingestrahlten Lichtintensität, herabsetzen. Die Erzeugung eines Elektron-Loch-Paares bedeutet in der Ausdrucksweise des Bändermodells, daß ein Elektron aus dem Valenzband in das Leitungsband angehoben wird. Auch hier muß deswegen das Photon eine Mindestenergie besitzen; seine Energie $h\nu$ muß mindestens gleich der Breite der Energielücke zwischen dem Valenzband und dem Leitungsband des betreffenden Halbleiters sein.

Ebenso wie der äußere Photoeffekt erst ab einer bestimmten Grenzfrequenz des einfallenden Lichtes auftritt, die für die meisten Metalle schon im Ultraviolett liegt, erfordert auch der Halbleiterphotoeffekt eine für jeden Halbleiter charakteristische Mindestfrequenz des Lichtes. Weil bei wesentlich höheren Frequenzen das Licht im Halbleiter zu stark absorbiert wird, ist jeder Halbleiter als Photowiderstand nur in einem bestimmten Frequenzbereich wirksam. Die brauchbaren Wellenlängenbereiche (Wellenlänge λ in μm) für einige Halbleiter sind in der folgenden Tabelle 5 angegeben. Die Wellenlänge λ wird aus der Frequenz ν

Tabelle 5. *Brauchbare Wellenlängenbereiche für Halbleiter-Photowiderstände*

Halbleiter	Wellenlängenbereich (in μm)
Selen (Se)	sehr klein—0,8
Kadmiumsulfid (CdS)	0,4—0,8
Silizium (Si)	0,5—1,1
Germanium (Ge)	0,5—2
Bleisulfid (PbS)	0,4—4
Indiumantimonid (InSb)	0,5—8

und der Lichtgeschwindigkeit c nach der Formel $\lambda = c/\nu$ berechnet; sie nimmt demnach mit steigender Frequenz ab. Der Mindestfrequenz der Wirksamkeit eines Photohalbleiters entspricht eine obere Grenze der Wellenlänge.

Der sichtbare Wellenlängenbereich erstreckt sich ungefähr von 0,4—0,8 μm. Die meisten Halbleiter werden etwa an der violetten Grenze des sichtbaren Gebiets wirksam und reichen über das ganze sichtbare Gebiet weg mehr oder weniger weit ins Infrarot hinein, um so weiter natürlich, je niedriger ihre Grenzfrequenz, je schmaler also ihre Energielücke zwischen Valenz- und Leitungsband ist. Da bei Halbleitern wie Indiumantimonid diese Energielücke rund 10mal kleiner ist als die Austrittsarbeit selbst des günstigsten Metalls beim äußeren Photoeffekt, erlauben die lichtempfindlichen Halbleiter Anwendungen sehr viel weiter im Infrarot als Vakuum-Photozellen.

Auch für Photowiderstände benutzt man meist polykristallines Halbleitermaterial. Welcher Halbleiter verwendet wird, richtet sich nach dem Zweck, den man verfolgt. Die Lichtempfindlichkeit des Selens ist übrigens schon 1873 entdeckt worden, und zwei Jahre danach hat Werner Siemens mit einer Selenzelle ein Photometer gebaut, wohl die erste technische Anwendung eines Halbleitereffektes.

Außer als Infrarot-Meßgeräte werden Photowiderstände vor allem im sichtbaren Bereich der Strahlung vielfach herangezogen, ebenfalls wieder zum Zweck der Messung von Lichtintensität, daneben aber auch zu verschiedenen Arten von Steuerungen durch Licht, zu Lichtschranken und ähnlichem. In diesen Funktionen sind jedoch die Photowiderstände mehr und mehr durch die Photoelemente verdrängt worden, aktive Halbleiteranordnungen, die wir im nächsten Kapitel behandeln werden. Einen Kadmium-sulfid-Photowiderstand mit der typischen geschlängelten Anordnung des Halbleitermaterials auf einer isolierenden Grundplatte zeigt die Abb. 56.

Eine dritte Möglichkeit, den Zustand von Halbleitern zu ändern, bieten Magnetfelder. Man kann, um Halbleiter durch ein Magnetfeld zu beeinflussen, sich des früher erwähnten Hall-Effektes bedienen. In einem sogenannten Hall-Generator, einem von

Abb. 56. Der Photowiderstand besteht aus einer in Schlangenlinien auf eine isolierende Grundplatte aufgebrachte dünne Schicht von Kadmiumsulfid

einem Strom durchflossenen Halbleiter, erzeugt ein quer zum Strom gerichtetes Magnetfeld eine zusätzliche elektrische Spannung, die sowohl zum Strom wie zum Magnetfeld senkrecht steht und beiden proportional ist.

Wesentlich einfacher ist es jedoch, die Widerstandsänderung auszunutzen, die ein Magnetfeld in einem Halbleiter verursacht. Besonders eignet sich hierzu wieder der Halbleiter Indiumantimonid, aus dem „Feldplatten" hergestellt werden, die durch Änderung ihres Widerstandes die Stärke des Magnetfeldes anzeigen, in dem sie sich befinden, und zwar unabhängig von dessen Richtung. Bei geeigneter Behandlung erhöht das Indiumantimonid in starken Feldern seinen Widerstand auf mehr als das Zehnfache. Feldplatten ermöglichen also die einfache Messung eines Magnetfeldes, aber auch die Regelung von Magnetfeldern und ähnliches. Da man oft sehr klein dimensionierte Felder in allen Feinheiten ausmessen

muß, werden Feldplatten ebenfalls in sehr kleinen Abmessungen
hergestellt. In der Abb. 57 ist eine winzige Feldplatte zu sehen,
die ohne weiteres durch ein Nadelöhr geschoben werden kann.

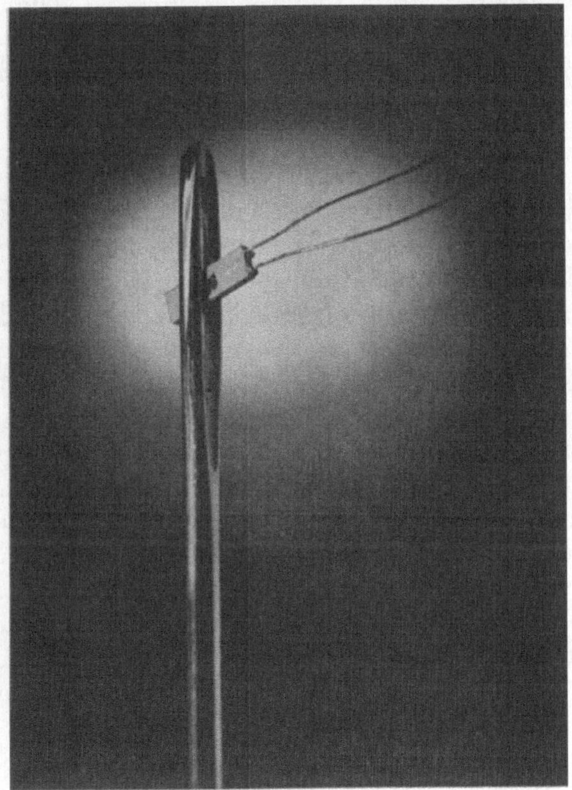

Abb. 57. Kleine Feldplatte zur Messung der Stärke von Magnetfeldern, die
sich durch ein Nadelöhr schieben läßt

16. Thermoelement und Photoelement

Die passiven Schaltelemente des vorigen Kapitels wirken in der
Weise, daß ihr elektrischer Widerstand durch Temperatur, Lichteinstrahlung oder Magnetfeld geändert wird. Sie erlauben daher,
in einen Stromkreis mit Batterie eingeschaltet, eine Beeinflussung
des elektrischen Stroms in diesem Kreis.

Man kann jedoch auch Anordnungen konstruieren, die bei Ein-
wirkung von Wärme oder Lichteinstrahlung — nicht aber eines

Magnetfeldes — ganz ohne Batterie selber eine elektrische Spannung, und damit in einem geschlossenen Kreis auch einen Strom, erzeugen, die also aktive Schaltelemente darstellen. Die für das Hervorbringen des Stroms notwendige Energie stammt dabei aus der dem Gerät zugeführten Wärmeenergie bzw. aus der Energie der Lichteinstrahlung. Diese Vorrichtungen sind somit Energiewandler, die Wärme- oder Lichtenergie in elektrische Energie verwandeln.

Elemente, die Wärmeenergie in elektrische umformen, sind die Thermoelemente. Sie sind schon seit 1822 bekannt (Seebeck), sind aber lange nur aus zwei verschiedenen Metallen gefertigt worden. Thermoelemente aus Halbleitern, die viel wirksamer sind, verwendet man erst seit verhältnismäßig kurzer Zeit. Über den thermoelektrischen Stromkreis haben wir schon früher gesprochen (Kapitel 8; s. auch Abb. 22). Dort wurde erwähnt, daß Thermoelemente aus geeigneten Halbleitern bei gleicher Temperaturdifferenz der Lötstellen eine bis zu 100mal höhere Thermospannung liefern als Thermoelemente aus Metallen. Allerdings haben die Halbleiterthermoelemente auch einen wesentlich höheren Widerstand, was ungünstig ist. Trotzdem haben sich die Halbleiterthermoelemente in mancher Hinsicht sehr bewährt und haben Anwendungen ermöglicht, die mit Metallthermoelementen nicht durchführbar wären.

Schuld daran ist vor allem der sehr viel bessere Wirkungsgrad der Halbleiterthermoelemente. Metallthermoelemente formen durchweg nur weit weniger als 1% der zugeführten Wärmeenergie in elektrische Energie um. Mit Halbleiterthermoelementen dagegen hat man Wirkungsgrade bis ungefähr 10% erreicht. Solange man ein Thermoelement nur zur Temperaturmessung benützt, solange es nur einen schwachen Strom in ein empfindliches Meßinstrument abgeben soll, ist dieser Unterschied nicht von Bedeutung. Für Meßzwecke bevorzugt man auch heute noch Metallthermoelemente, da man die Metalle und Legierungen, aus denen sie bestehen, gleichmäßiger herstellen kann.

Anders ist es, wenn einer Thermobatterie — einer großen Zahl zusammengeschalteter Thermoelemente — nennenswerte elektrische Leistungen entnommen werden sollen. Zwar ist auch mit den besten Halbleiterthermoelementen nicht daran zu denken, in groß-technischem Umfang elektrische Energie zu erzeugen. Aber für Spezialzwecke, bei denen es auf völlige Wartungsfreiheit und Betriebssicherheit über lange Zeit ankommt, insbesondere für die Zwecke der Weltraumfahrt, macht man gerne von Halbleiterthermoelementen Gebrauch. Als Wärmequelle wird hier meist die Kernenergie eingesetzt, entweder (für größere Leistungen) in Form eines kleinen Kernreaktors, in dessen heißen Core die inneren Lötstellen der Thermobatterie eintauchen, oder aber in Form

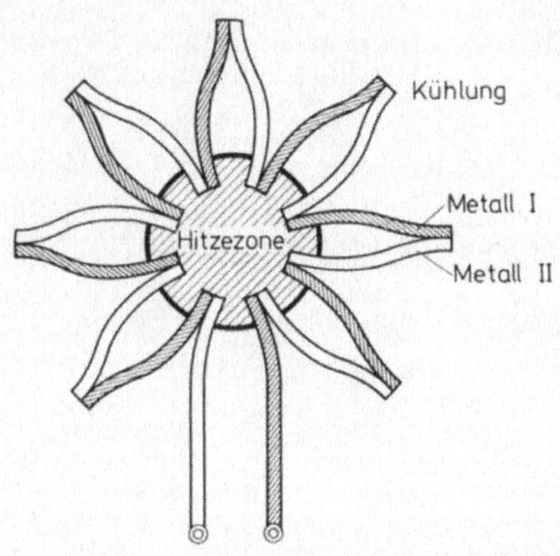

Abb. 58. Schema der Anbringung hintereinandergeschalteter Thermoelemente in einer Radionuklidbatterie, die aus der Kernenergiewärme elektrische Energie gewinnen

eines dem radioaktiven Zerfall unterworfenen und sich dadurch von selbst erhitzenden Radionuklids, das zuvor durch Bestrahlung in einem Reaktor gewonnen worden ist. Die äußeren Lötstellen werden überwiegend einfach durch Abstrahlung gekühlt.

Eine Radionuklidbatterie dieser Art ist schematisch in der Abb. 58 angegeben. Die inneren Lötstellen von hier 8 (in Wirklichkeit sind es viel mehr) Thermoelementen tauchen in das sich selbst erhitzende Radionuklid, die äußeren bleiben infolge ihrer Wärmeabstrahlung auf niedrigerer Temperatur. Ein aufgeschnittenes Modell zeigt die Abb. 59.

Um einen nicht zu hohen Widerstand zu erhalten, muß man für Halbleiterthermoelemente hochdotierte Halbleiter mit einer hohen Elektronen- bzw. Löcherdichte verwenden. Praktisch kommt vor

Abb. 59. Modell einer Radionuklidbatterie mit ringsherum verteilten Thermoelementen. Die 6 äußeren Metallflügel dienen zur Kühlung

allem Wismutselenidtellurid und Bleiselenidtellurid, n- oder p-leitend, in Frage sowie Germanium-Silizium-Legierungen. Bei einer erreichbaren Temperaturdifferenz von 400°C zwischen heißen und kälteren Lötstellen liegt die elektrische Leistung eines einzelnen Thermoelements bei knapp 1 W (Watt). Radionuklidbatterien werden heute bis 100 W Leistung oder etwas darüber gebaut. Der Wirkungsgrad der Energieausnutzung liegt bei 5%. Anwendungen auf der Erde, wo durch wirksame Kühlung der äußeren Lötstellen wesentlich höhere Temperaturdifferenzen erzielt werden, ermöglichen Wirkungsgrade bis 10%.

Ähnlich wie Wärmeenergie kann man auch Strahlungsenergie, z. B. die Energie einer Lichteinstrahlung, mittels Halbleiterschaltelementen in elektrische Energie umwandeln. Man braucht hierfür in einer dünnen Halbleiterschicht einen *pn*-Übergang. Die von der Lichtstrahlung, die in den etwas durchscheinenden Halbleiter eindringen muß, genau wie im Photowiderstand erzeugten Elektron-Loch-Paare diffundieren durch die Sperrschicht und erzeugen an ihr eine kleine elektrische Spannung, die sich zu beiden Seiten der Halbleiterschicht mit Metallkontakten abnehmen läßt. Solch eine Anordnung nennt man ein Photoelement. Auch das Photoelement ist ein aktives Halbleitergerät, das ohne zusätzliche Batterie direkt aus der einfallenden Lichtenergie elektrische Energie erzeugt. Mittels einer zweiten, umgekehrt geschalteten Sperrschicht läßt sich im sogenannten Phototransistor (der dann natürlich eine Batterie benötigt) der primäre Photoelementstrom sogar noch verstärken.

Das Photoelement dient, zusammen mit einem empfindlichen Spannungsmeßgerät, insbesondere zur Messung von Lichtintensitäten, doch können natürlich auch alle Arten von Lichtschaltern, Lichtschranken, Steuerungen mittels Licht usw. mit ihm betrieben werden. Lange Zeit war das Selenphotoelement im Gebrauch. Neuerdings wird es teilweise vom Siliziumphotoelement verdrängt. Am bekanntesten sind die Photoelemente als elektrische Belichtungsmesser der Amateurphotographen geworden, die heute meist schon in der Kamera eingebaut sind.

Wie der Photowiderstand und aus denselben Gründen ist auch ein Photoelement aus einem bestimmten Material immer nur in einem bestimmten Frequenzbereich des eingestrahlten Lichtes wirksam. Eine Tageslicht-Siliziumzelle liefert bei voller Sonnenstrahlung knapp $^1/_2$ V Spannung und eine elektrische Leistung von nur etwa $^1/_{100}$ W. Für Meßzwecke reicht dies vollständig aus. Seit kurzem zieht man Halbleiterphotozellen jedoch auch zur Umwandlung der Energie der Sonnenstrahlung in elektrische Energie in größerem Umfang heran, auch hier allerdings, wie beim Thermoelement, nur für Spezialzwecke, da für nennenswerte Leistungen allzu viele Photoelemente benötigt würden. Für 1 kW wären es rund 100 000.

Sonnenbatterien, deren Wirkungsgrad ebenfalls bei etwa 10% liegt, werden in erster Linie für die Raumfahrt gebraucht, wo sie als Energiequellen in Konkurrenz mit der Kernenergie, vor allem mit den Radionuklidbatterien stehen. Auch sie sind vorläufig auf etwa 100 W Leistung begrenzt, können aber grundsätzlich auch für höhere Leistungen gebaut werden. Als Kuriosum fuhr z. B. im Jahr 1960 ein Elektroauto, das ausschließlich von Sonnenzellen aus, die auf dem Dach angebracht waren, mit Energie versorgt wurde, mit zwei Personen quer durch die USA. Für den allgemeinen Gebrauch wäre diese Methode freilich viel, viel zu teuer.

In Raumfahrzeugen werden Sonnenbatterien aus Siliziumsonnenelementen verwendet, die auf einem äußeren Zylinder- oder Kegelmantel oder auf herausragenden Flügeln angeordnet sind. Ihr Nachteil bei der Raumfahrt besteht einmal darin, daß sie natürlich immer nur auf der Sonnenseite des Fahrzeugs wirksam sind, auch völlig ausfallen, wenn sich die Sonde im Erdschatten oder dem Schatten eines anderen Weltkörpers, z. B. des Mondes, bewegt. Dies muß durch Sammlerbatterien ausgeglichen werden, die während der Sonnenzeiten aufgeladen werden. Schwerwiegender ist ein anderer Nachteil: die empfindlichen Sperrschichten der Sonnenzellen werden allmählich durch die den Weltraum durchflutenden energiereichen Strahlungen, besonders durch die korpuskularen Strahlungen (z. B. „Sonnenwind"), geschädigt.

17. Halbleiter-Teilchenzähler

Ähnlich wie auf Lichtstrahlen reagieren Halbleiterschichten auch auf andere Arten von Strahlen, einerseits auf kurzwellige elektromagnetische Strahlungen wie Gammastrahlen, dann aber auch auf Strahlen aus elektrisch geladenen Partikeln, auf Elektronenstrahlen, Protonenstrahlen, Alphastrahlen und andere. Alle diese Strahlen erzeugen in dem Halbleiter Elektron-Loch-Paare, die entsprechend ihrer Anzahl seinen elektrischen Widerstand meßbar herabsetzen. Haben die einzelnen Korpuskeln der Strahlung genügend hohe Energie, so reichen schon die von einem einzigen Teilchen hervorgebrachten Elektron-Loch-Paare aus, um in dem an einer Batterie liegenden Halbleiter einen — eventuell nach Verstärkung — nachweisbaren Stromimpuls zu verursachen. Jedes einzelne Teilchen der Strahlung gibt dann einen Stromimpuls; die Halbleiteranordnung gestattet, die Teilchen zu zählen, stellt einen Teilchenzähler dar.

Man kennt bekanntlich viele Arten von Teilchenzählern, die in der Kern- und Elementarteilchenphysik eine große Rolle spielen.

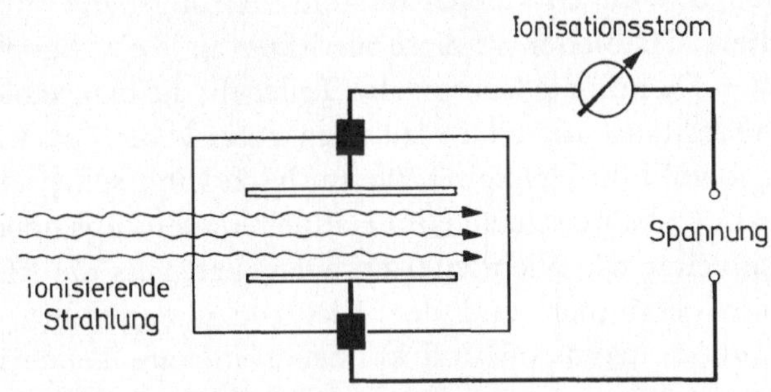

Abb. 60. In der Ionisationskammer wird das Gas zwischen zwei Platten, die gegeneinander eine hohe elektrische Spannung haben, durch eine ionisierende Strahlung ionisiert. Die gebildeten Ionen verleihen dem Gas eine gewisse Leitfähigkeit, so daß ein der Stärke der Strahlung proportionaler Ionisationsstrom fließt

Bei sämtlichen Arten läuft der primäre Vorgang so ab, daß das energiereiche Teilchen durch irgendeine Art von Materie dringt und in dieser entlang seiner Bahn mehr oder weniger Ladungsträger, positive und negative Ionen, produziert. Am einfachsten kann man einen derartigen Ionisationsvorgang in der Ionisationskammer verfolgen (Abb. 60), einem mit einem Gas gefüllten Gefäß, in dem sich zwei isoliert eingeführte Elektroden mit einer elektrischen Spannung zwischen ihnen gegenüberstehen. Fällt in den Gasraum zwischen den Elektroden eine ionisierende Strahlung, dann erzeugt diese positive und negative Ionen, die im elektrischen Feld zu den Elektroden wandern und in dem Stromkreis einen „Ionisationsstrom" hervorrufen. Schon ein einzelnes ionisierendes Teilchen, das in die Kammer eindringt, bedingt einen, freilich sehr schwachen Stromstoß, der nach entsprechender Verstärkung mit empfindlichen Meßanordnungen nachweisbar ist. Auf diese Weise wird die Ionisationskammer zum Teilchenzähler.

Nicht nur in Gasen jedoch, sondern ebenso in festen Stoffen, z. B. in Kristallen, erzeugen energiereiche Teilchen, die in sie eindringen, Ionenpaare. Richtiger sagt man hier: Elektron-Loch-Paare. Auch diese führen zu einem Stromstoß für jedes auftreffende Teilchen. Daher kann auch ein Kristall als Teilchenzähler benutzt werden. Es ist dabei nicht einmal sehr wesentlich, ob der Kristall ein Halbleiter oder ein völliger Nichtleiter ist. Beide unterscheiden sich, wie wir früher gesehen haben, ja nur durch die Größe der Energielücke zwischen Valenzband und Leistungsband ihrer Elektronen. Beim Halbleiter ist diese niedriger als 3 eV, beim Nichtleiter höher. Da nun die Energie der Teilchen, die man zählen will, meist Hunderttausende oder Millionen von eV beträgt, kann das Teilchen sowohl im Halbleiter wie im Nichtleiter sehr, sehr viele Elektron-Loch-Paare schaffen, im Halbleiter allerdings noch etwas mehr. Halbleiter wie Nichtleiter ergeben aber, falls die Elektron-Loch-Paare gesammelt und den Elektroden zugeführt werden können, einen Stromstoß und können somit als Teilchenzähler fungieren.

Tatsächlich waren die ersten „Kristallzähler", die man benutzte, Nichtleiterkristalle, besonders Diamanten. Sie zeigten aber störende Nachteile. Die als Zähler verwendeten Diamanten — durchaus nicht jeder Diamant war brauchbar — enthielten stets innere Fehlstellen, die als „Fallen" für die erzeugten Elektronen und Löcher wirken und den erzielbaren Stromstoß stark beeinträchtigen. Auch waren die Zähleigenschaften bei gleichartigem Zähler verschieden und veränderten sich sogar im Laufe der Zeit.

Von diesen Schwierigkeiten kam man frei, als man Halbleiterkristalle anwandte, erst Germanium, dann Silizium und neuestens auch Galliumarsenid. Diese Halbleiter müssen sehr schwach dotiert sein, einen hohen spezifischen Widerstand haben, damit nicht schon ohne einfallende Teilchen ein nennenswerter Strom fließt, in dem dann der durch das Teilchen erzeugte Impuls untergehen würde. Häufig müssen sie sogar gekühlt werden, um die Eigenleitung herabzusetzen. Silizium, das eine verhältnismäßig hohe Energielücke und deswegen eine erst bei höherer Temperatur merkliche Eigenleitung besitzt, ist schon bei normaler Temperatur für Halbleiterzähler geeignet.

Da in festen Körpern energiereiche Korpuskeln nur kurze Wegstrecken zurücklegen, meist nur Bruchteile eines Millimeters, ehe sie ihre Energie ganz verloren haben, genügt es, den Halbleiter in einer dünnen Schicht anzuwenden, in die die Strahlen von oben eindringen. Man kann nun die Zähler in zwei verschiedenen Arten konstruieren. Entweder bedient man sich einer dünnen, homogenen Halbleiterschicht oder aber eines *pn*-Übergangs, den man

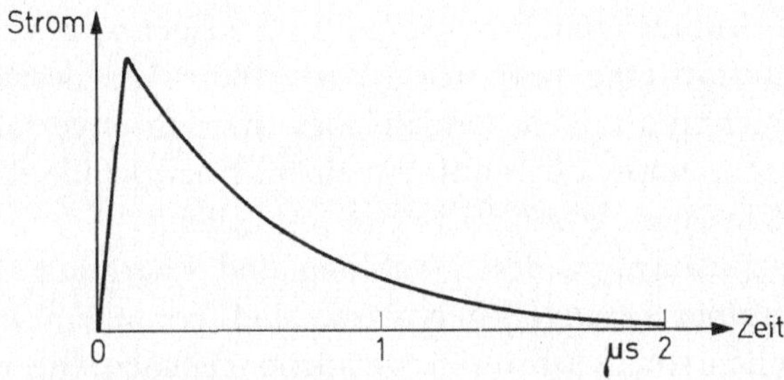

Abb. 61. Der zeitliche Verlauf des Stromimpulses, mit dem ein Halbleiterzähler auf *ein* ionisierendes Teilchen reagiert

in Sperrichtung schaltet. Im zweiten Fall wird der sehr geringe Sperrstrom durch die vom Teilchen geschaffenen Elektron-Loch-Paare kurzfristig, stoßartig erhöht.

Der Stromimpuls, mit dem ein Halbleiterzähler auf ein einzelnes ionisierendes Teilchen reagiert, setzt außerordentlich rasch ein, erreicht schon nach einer zehnmillionstel Sekunde oder noch weniger seinen Spitzenwert und fällt, etwas langsamer, wieder zu Null ab (Abb. 61). Infolge des raschen Verlaufs des Stromstoßes hat der Halbleiterzähler eine sehr hohe zeitliche Auflösung, d. h. er kann zwei sehr rasch hintereinander auftreffende Teilchen getrennt registrieren. Man erreicht mit Halbleiterzählern eine Auflösung bis zu einer hundertmillionstel Sekunde (10^{-8} s), was mit der höchsten Auflösung anderer Zählerarten konkurrieren kann. Gegenüber der Gasionisationskammer hat der Halbleiterzähler noch den Vorzug, daß in ihm das Teilchen zur Erzeugung eines Elektron-Loch-Paares im Durchschnitt nur 3—4 eV Energie verbraucht, in einem Gas zur Erzeugung eines Ionenpaares aber 20—30 eV. Außerdem ist wegen der kurzen Reichweite der Teilchen in festen Stoffen ein Halbleiterzähler sehr klein und kompakt zu bauen.

Wie andere Zähler auch, kann der Halbleiterzähler natürlich Teilchen erst ab einer gewissen Mindestenergie nachweisen, die davon abhängt, welche Empfindlichkeit man bei der Messung des Stromstoßes erzielt. Auch nach oben ist die Energie der Teilchen, die der Halbleiterzähler zählen soll, begrenzt. Allzu energiereiche Teilchen haben nämlich selbst im Festkörper zu große Laufstrecken, als daß sie sich in dem kleinen Halbleiterkristall ausnützen ließen.

In einem weiten Energiegebiet kann man jedoch erreichen, daß die Stärke des erzeugten Stromimpulses der Energie des erzeugenden Teilchens streng proportional ist. Man kann deswegen die Teilchen nicht nur zählen, sondern sogar nach ihrer verschiedenen Energie recht empfindlich unterscheiden. Energiedifferenzen von wenigen Prozenten lassen sich noch feststellen.

Die Korpuskeln, zu deren Zählung und Energiemessung der Halbleiterzähler herangezogen wird, sind vor allem Protonen, Alphateilchen sowie schwerere geladene Teilchen wie zum Beispiel die Spaltprodukte der Kernspaltung. Bei Protonen reicht er bis ungefähr 15 MeV Teilchenenergie, bei Alphateilchen bis über 50 MeV. Elektronen lassen sich ebenfalls mit dem Halbleiterzähler zählen, ihrer größeren Reichweite wegen jedoch nur bis 1 MeV.

Der Halbleiterzähler vermag auch einzelne Strahlungsquanten der Gammastrahlung nachzuweisen, da diese im Festkörper energiereiche Sekundärelektronen freisetzen, die dann ihrerseits wieder Elektron-Loch-Paare ergeben. Für die Untersuchung von Gammastrahlen eignen sich Halbleitermaterialien um so besser, je schwerere Elemente sie enthalten, da diese die Gammastrahlen stärker absorbieren. Germanium ist hier deswegen wirksamer als Silizium, noch besser ist Galliumarsenid.

Schließlich hat man Halbleiterzähler sogar zur Zählung von Neutronen herangezogen. Diese elektrisch neutralen Korpuskeln ionisieren allerdings selbst nicht. Man muß deshalb den Zähler mit einer dünnen Schicht eines Stoffes bedecken, in dem die Neutronen durch einen Kernprozeß Protonen, Alphateilchen oder andere geladene Teilchen erzeugen, die dann den Zähler ansprechen lassen. Solch ein Stoff ist etwa das Isotop Lithium 6, dessen Atomkern zusammen mit einem Neutron ein Alphateilchen (^{4}He) und einen Tritiumkern (^{3}H) bildet, beides positiv geladene Teilchen, die im Halbleiter Elektron-Loch-Paare hervorrufen.

18. Halbleiter als Schwingungsgeneratoren

Aufgabe der Hochfrequenztechnik ist nicht nur die Verstärkung, sondern auch die Erzeugung hochfrequenter elektrischer Wechselströme. Welche Geräte man als Schwingungsgeneratoren verwenden kann, hängt sehr von der Frequenz der Schwingung ab, die man erzeugen will.

Am einfachsten ist es, einen Hochfrequenzverstärker auf die Weise zum Schwingungsgenerator zu machen, daß man durch

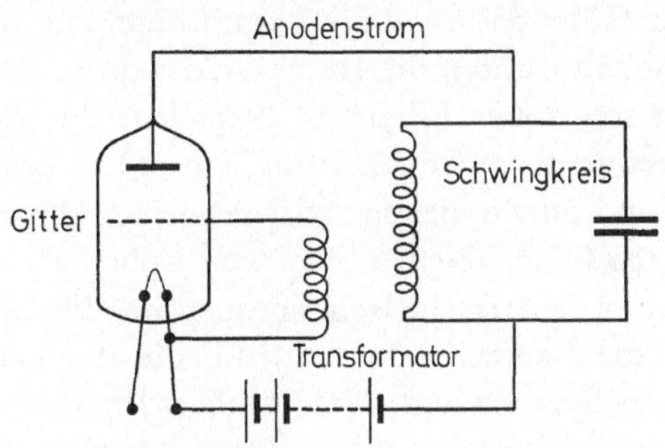

Abb. 62. In der Rückkopplungsschaltung wird ein Teil der verstärkten Hochfrequenzenergie des Schwingungskreises durch einen Transformator dem Gitter der Röhre wieder zugeführt. Dadurch wird die Röhre zum Schwingungsgenerator

eine Rückkopplungsschaltung, wie sie mit einer Elektronen-Verstärkerröhre im Prinzip die Abb. 62 zeigt, einen Teil der verstärkten Hochfrequenzenergie dem primären, unverstärkten Stromkreis, dem Gitter der Röhre also, wieder zuführt. Eine derartige Rückkopplung ist bei einer gewöhnlichen Verstärkerröhre nur bis zu Frequenzen von einigen 10 MHz, mit Kunstgriffen bis zu einigen 100 MHz möglich. Für die Schwingungserzeugung bei höherer Frequenz verwendet man Spezialröhren, z. B. Klystrons und Magnetrons.

Die Rückkopplung ist nun genau wie bei einer Verstärkerröhre auch bei einem Transistor zu erreichen. So läßt sich auch mit reinen Halbleiterschaltelementen ein Schwingungsgenerator aufbauen. Hier ist jedoch ebenfalls die Frequenz nach oben begrenzt. In neuerer Zeit sind nun Erscheinungen in Halbleitern entdeckt worden, die es — ganz ohne Rückkopplungsschaltung — erlauben, mittels einer Halbleiterdiode unmittelbar Schwingungen sehr hoher Frequenz zu gewinnen.

Da gibt es zunächst die sogenannte Read-Diode. Sie besteht aus einem Siliziumkristall mit einer *pn*-Sperrschicht, an die in Sperrrichtung eine hohe Spannung gelegt wird. Beim Überschreiten einer gewissen Spannung werden in der Sperrschicht Elektronenlawinen — und auch Löcherlawinen — ausgelöst, die in komplizierter Weise miteinander gekoppelt sind und einen instabilen Betriebszustand bewirken. Wenn man mit der Präparierung des Kristalls und der Höhe der Spannung bestimmte, eng begrenzte Bedingungen einhält, führen die Instabilitäten dazu, daß sich periodische Vorgänge hoher Frequenz abspielen, die einen entsprechend hochfrequenten Wechselstrom liefern. Die Frequenzen, die erreicht werden können, liegen zwischen 100 MHz und dem Tausendfachen, 100 GHz, reichen also weit höher als die höchsten mit Transistoren beherrschbaren Frequenzen. Für die Höhe der Frequenz ist die Laufzeit entscheidend, die die Ladungsträgerlawinen von der Sperrschicht, dem Ort ihrer Entstehung, an durch die anschließende schwach dotierte Zone hindurch benötigen. Da die Wärmebelastung des Kristalls niedrig bleiben muß, können im Dauerbetrieb nur geringe Hochfrequenzleistungen erzielt werden, einige hundertstel Watt. Im Impulsbetrieb dagegen, bei dem kurze Hochfrequenzimpulse durch längere Pausen unterbrochen sind, dürfen die Impulse selbst eine Leistung von einigen 100 W haben. Mit der Read-Diode wird erst seit 1965 gearbeitet.

Ein paar Jahre früher schon, 1963, entdeckte aber I. B. Gunn an homogenen *n*-leitenden Galliumarsenidschichten, also ohne *pn*-Übergang, einen sehr eigenartigen Effekt, der ebenfalls, und zwar mit noch besseren Aussichten, zur Erzeugung von Wechselströmen sehr hoher Frequenz dienen kann. Eine mit metallischen Elektroden versehene dünne *n*-leitende Galliumarsenidschicht zeigt, solange man nur mäßige Spannungen anlegt, normales Verhalten. Der Strom steigt mit der Spannung nach dem Ohmschen Gesetz an. Überschreitet jedoch bei höheren Spannungen die elektrische Feldstärke im Galliumarsenid einen bestimmten Wert, der ein wenig unterhalb von 4000 V/cm liegt, dann zeigen sich auch hier Instabilitäten, die sich darin äußern, daß sich der Elektronenzustand nicht mehr homogen über die ganze Dicke der Schicht erstreckt. Es bildet sich vielmehr an der negativen Elektrode eine Domäne niedriger Elektronenbeweglichkeit und gleichzeitig hoher Feldstärke aus, wogegen der übrige Teil des Kristalls sich durch hohe Elektronenbeweglichkeit und niedriger Feldstärke auszeichnet (Abb. 63 a). Die Domäne hoher Feldstärke reißt ab und wandert mit hoher Geschwindigkeit zur positiven Elektrode (Abb. 63 b). Nachdem sie dort verschwunden ist, entsteht an der negativen Elektrode erneut eine Domäne hoher Feldstärke, und dieses Spiel wiederholt sich fortwährend.

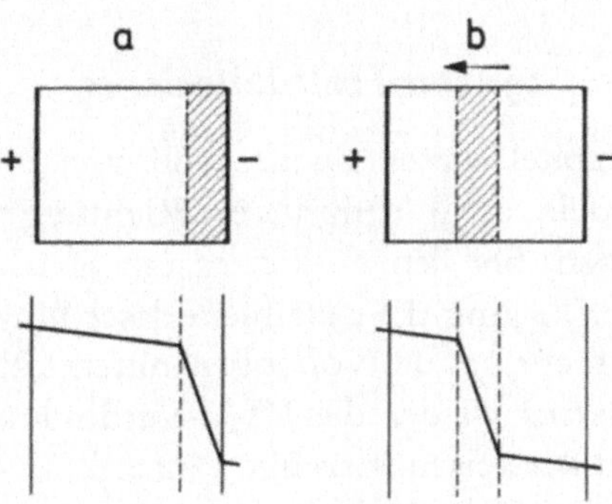

Abb. 63 a u. b. In der Gunn-Diode entsteht (a) an der Kathode im Galliumarsenidkristall eine Zone (schraffiert) geringer Elektronenbeweglichkeit und hoher Feldstärke (Spannungsverlauf im unteren Teil der Abbildung). Diese Zone löst sich von der Kathode ab und wandert (b) mit hoher Geschwindigkeit zur Anode

Es kommt auf diese Weise zu einem periodischen Durchlauf von Hochfelddomänen und hiermit zu einem dem Gleichstrom überlagerten Wechselstrom. Die Grundfrequenz dieses Wechselstroms — es treten daneben auch Oberschwingungen auf — ist um so höher, eine je kürzere Zeit die Domänen zum Durchlaufen des Kristalls benötigen, d. h. je dünner die Kristallschicht zwischen den Elektroden ist. Die Grundfrequenz ist sogar der Schichtdicke recht genau umgekehrt proportional. Mit einem $^1/_{10}$ mm dicken Kristall erhält man etwa 1 GHz, mit einem Kristall, der nur $^1/_{100}$ mm dick ist, 10 GHz. Grundfrequenzen von 50 GHz und darüber sind mit Gunn-Dioden ermöglicht worden. Der Wirkungsgrad für die Schwingungserzeugung geht in manchen Fällen bis 20 %. Allerdings ist, wegen der Erwärmung des Kristalls, die erzielbare Leistung auch hier begrenzt, bei Dauerbetrieb auf kleine

Bruchteile eines Watt, wogegen im Impulsbetrieb einige 100 W erreicht werden.

Die Sonderstellung des Galliumarsenid für den Gunn-Effekt ist in seiner speziellen elektronischen Struktur begründet. Auch mit Indiumphosphid konnte ein Gunn-Effekt erzielt werden, doch zeigt dieses eine ungefähr doppelt so hohe kritische Feldstärke. Andere III-V-Verbindungen haben keinen Gunn-Effekt erkennen lassen. Die praktische Anwendung der Read- wie der Gunn-Diode steckt noch in den Anfängen.

19. Der Halbleiterlaser

Das letzte Kapitel dieses Buches soll von einer Halbleiteranwendung handeln, die in ganz andere Richtung weist als die bis jetzt besprochenen, bei denen allen es um Schaltelemente elektrischer Stromkreise ging. Der Halbleiterlaser hingegen dient zur Erzeugung von Licht, speziell von sogenanntem kohärentem Licht.

Auch nun sind es wieder die III-V-Verbindungen, die einen derartigen Effekt aufweisen. Erzeugt man z. B. in Galliumarsenid einen p-n-Übergang und schickt senkrecht zu dessen Fläche einen elektrischen Strom in Flußrichtung durch den Kristall, so werden durch den Strom Ladungsträger, Elektronen und Löcher, wie man sagt, in die Übergangsschicht „injiziert". In der Zone, in der eine hohe Dichte von Elektronen *und* von Löchern herrscht, kommt es nun zu häufigen Wiedervereinigungen von Elektronen und Löchern, d. h. ein „freies" Elektron springt in ein Loch, womit beide als Ladungsträger verschwinden. Bei jeder Wiedervereinigung wird ein Energiebetrag frei, der der Breite der Energielücke zwischen dem Valenz- und dem Leitungsband entspricht.

Diese Energie kann, bei einem „strahlungslosen Übergang", der thermischen Energie des Kristallgitters zugute kommen. Sie kann aber auch zur Bildung eines Strahlungsquants $h\nu$ führen, dessen Frequenz je nach der Höhe der Energie im Gebiet des sichtbaren Lichtes oder aber im Infrarotgebiet liegt. Ein stromdurchflossener p-n-Übergang vermag deswegen sichtbares Licht oder Infrarotstrahlung auszusenden. Ob er dies wirklich tut, hängt von einer Reihe von Bedingungen ab, die gerade beim Galliumarsenid und einer Anzahl anderer III-V-Verbindungen erfüllt sind.

Ein p-n-Übergang im Galliumarsenid strahlt, wenn er in Flußrichtung von Strom durchflossen wird, im Infrarot. Bei einem
Mischkristall von Galliumarsenid und Galliumphosphid kann man
auch eine Strahlung im sichtbaren, roten Spektralbereich erhalten.
Man nennt solch eine Vorrichtung eine Lumineszenzdiode. Der
Vorgang in ihr ähnelt anderen Arten der Entstehung von Lu-
mineszenzstrahlung, bei denen ebenfalls atomare Energiebeträge
als Strahlungsquanten einer „spontanen", d. h. in jedem einzelnen
Akt zufälligen und von den übrigen Quanten unabhängigen Ausstrahlung auftreten.

Im Jahr 1962 beobachtete R. N. Hall und einige weitere ameri-
kanische Forscher, daß, sobald die Stromdichte in einer Gallium-
arsenid-Lumineszenzdiode, die zusätzlich als „Licht-Resonator"
ausgestaltet ist, einen gewissen Wert überschreitet, die Form der
Ausstrahlung sich schlagartig ändert: Die Intensität der Strahlung
steigt sprunghaft an, und die Strahlung selbst zeigt alle Eigenschaften einer *kohärenten* „Laser"-Strahlung. Die Lumineszenzdiode ist zum Halbleiterlaser geworden. Zwei Jahre zuvor erst,
1960, war diese neue kohärente Strahlungsart in einer anderen
Entstehungsweise, am Rubinlaser, von dem Amerikaner Maiman
entdeckt worden.

Was hat es mit der Laserstrahlung auf sich? Während jede vor-
her bekannte Licht(oder Infrarot-)strahlung aus einzelnen, un-
zusammenhängenden, voneinander unabhängigen Lichtquanten
— vom Wellenstandpunkt her betrachtet, aus einzelnen, kurzen
Wellenzügen ohne geordneten Phasenzusammenhang — besteht,
ist die Laserstrahlung eine kohärente, d. h. aus *einer* zusammenhängenden Welle — vom Quantenstandpunkt her aus miteinander
eng korrelierten Quanten — bestehende Strahlung, ähnlich wie
die (stets kohärente) Radiostrahlung einer Antenne.

Man erhält diese merkwürdige Art von Strahlung (Abb. 64),
wenn man ein der Laserwirkung fähiges Material, z. B. einen Rubin-
stab, durch streng plane, parallele Spiegel oder polierte Endflächen
zu einem „Licht-Resonator" macht, in dem sich zwischen den
Spiegeln eine stehende Lichtwelle ausbilden kann, und dann dem
Lasermaterial in geeigneter Form Energie zuführt. Das Lasermaterial muß so beschaffen sein, daß eine ihm angepaßte Energiezufuhr eine Energiespeicherung in Form der Anregung atomarer

Energieniveaus bewirkt, aus denen die stehende Welle, wenn sie genau die passende Frequenz besitzt, Strahlungsquanten dieser Frequenz als „induzierte" oder „erzwungene" Ausstrahlung „abruft". Da diese Quanten nicht „spontan" ausgesandt werden, sondern alle von derselben stehenden Welle herstammen, haben sie engsten Zusammenhang miteinander und verstärken die stehende

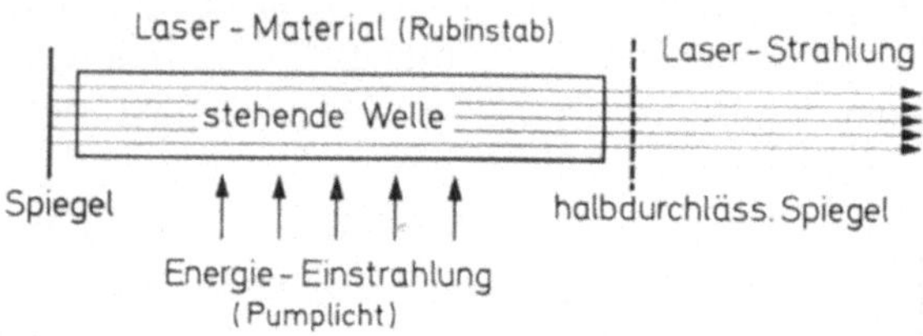

Abb. 64. Bei geeigneter Energieeinstrahlung entsteht im Lasermaterial zwischen den Spiegeln eine stehende Welle, von der ein Teil durch den halbdurchlässigen Spiegel als kohärente Laserstrahlung in Richtung der Achse des Lasers austritt

Welle kohärent, können schließlich auch eine kohärente Ausstrahlung durch die etwas durchlässigen Endspiegel hindurch, bzw. durch einen von ihnen, veranlassen. Inkohärente und kohärente Strahlung kann man anschaulich mit einer Marschkolonne „ohne Tritt" und „im Gleichschritt" vergleichen.

Außer der Kohärenz hat die Strahlung eines Lasers noch einige weitere hervorstechende Eigenheiten: Sie hat eine sehr hohe spektrale Schärfe, und sie ist in einem sehr engen Kegel um die Achse des Lasers, die Richtung senkrecht zu den Spiegeln, gebündelt.

Das Wesentliche ist nun, *wie* das Lasermaterial die zugeführte Energie speichert. Beim Rubinlaser (und anderen Kristall-Lasern) wird gewöhnliches, also nicht kohärentes, Licht eingestrahlt, das — auf hier nicht zu erörternden Umwegen — die Laser-Energieniveaus mit Energie anfüllt. Beim Gaslaser sind es atomare Energieniveaus, die durch eine elektrische Gasentladung ihre Energie erhalten. Und beim Galliumarsenidlaser endlich und anderen Halbleiterlasern sind es die Niveaus der vom Strom in den p-n-Übergang injizierten Elektronen und Löcher (der Halbleiterlaser heißt deswegen auch Injektionslaser), in denen die vom Strom gelieferte Energie gespeichert wird. Abgesehen von dieser verschiedenen Art der Energiezufuhr und Energiespeicherung wirken alle Laser nach demselben Prinzip, nämlich durch die Verstärkung einer schon vorhandenen Lichtwelle (die z. B. durch „spontane" Emission entstanden ist), mittels „erzwungener" Ausstrahlung. Der Ausdruck „Laser" ist ja gebildet aus den Anfangsbuchstaben von „*l*ight *a*mplification by *s*timulated *e*mission of *r*adiation", Lichtverstärkung durch erzwungene Ausstrahlung.

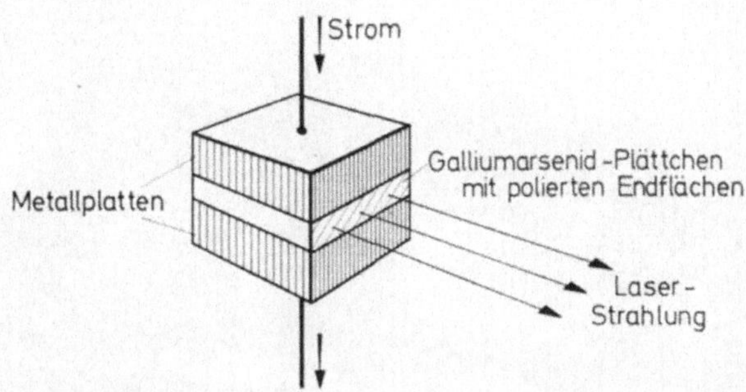

Abb. 65. Beim Halbleiterlaser wird durch ein dünnes Galliumarsenidplättchen zwischen zwei Metallplatten ein starker Gleichstrom geschickt, der die Energiezufuhr an das Lasermaterial übernimmt. Die Laserstrahlung tritt durch die polierte Endfläche des Halbleiterkristalls aus

Der Halbleiterlaser hat nun gegenüber anderen Laserarten die Eigenart, daß sein laserwirksames Volumen nur aus der sehr dünnen p-n-Übergangsschicht, die z. B. in einem ebenfalls dünnen Galliumarsenidplättchen liegt, besteht. Der elektrische Strom, der eine gewisse, ziemlich hohe, Schwellenstromdichte überschreiten muß, fließt senkrecht zur Ebene des Halbleiterplättchens, wie es in Abb. 65 schematisch angegeben ist, und die Laserstrahlung tritt durch die polierten, sehr schmalen Randflächen des Plättchens in zwei entgegengesetzten Richtungen, oder auch nur in einer, nach außen. Die polierten Endflächen übernehmen die Rolle der parallelen Spiegel, die für den Licht-Resonator erforderlich sind.

Der Lasereffekt kann außer mit Galliumarsenid auch mit Galliumphosphid, mit Indiumarsenid und -phosphid sowie mit anderen III-V-Verbindungen und mit ihren Mischkristallen erzielt werden. Je nach Art des Materials liegt das ausgestrahlte Laserlicht im sichtbaren Spektralgebiet im Rot (kürzeste Wellenlänge ca. 0,66 μm) oder im Infrarot (längste Wellenlänge bei 5 μm). Die Kristalle für den Halbleiterlaser werden meist in Form kleiner würfelähnlicher Stücke verwendet, deren Kantenlänge weniger als

1 mm beträgt. Größere Gebilde kann man vorläufig noch nicht betreiben. In der Abb. 66 ist ein Galliumarsenidlaser in einer größeren Halterung eingebaut.

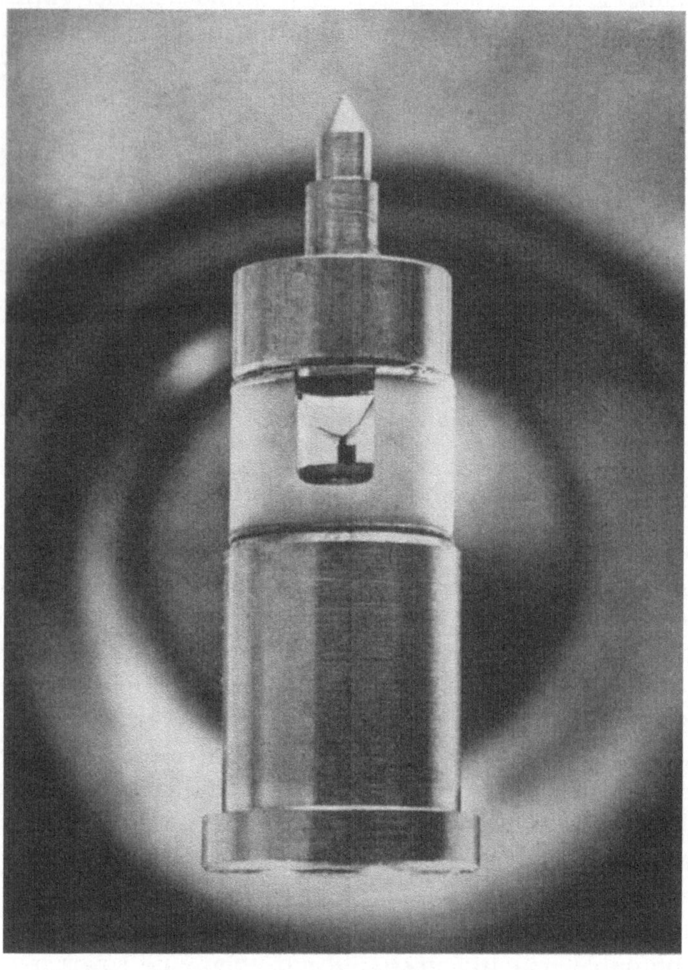

Abb. 66. Galliumarsenidlaser in der Halterung. Das kleine schwarze Würfelchen ist der Laser, das noch kleinere Kügelchen mit dem Metallstreifen die eine Zuleitung

Der Halbleiterlaser kann es an spektraler Schärfe der Strahlung und an Schärfe der räumlichen Bündelung bei weitem nicht mit dem Kristall-Laser (Rubinlaser) oder gar mit dem Gaslaser auf-

nehmen. Er ist aber im Gegensatz zu diesen sehr robust und wird
auf einfachste Weise, durch einen starken Gleichstrom, in Betrieb
gesetzt. Er wandelt dann direkt elektrische Energie in Strahlungsenergie um, und zwar in eine kohärente Strahlung.

Die Stärke des Halbleiterlasers gegenüber anderen Laserarten
liegt außer in dieser einfachen Betriebsart in seinem sehr hohen
Wirkungsgrad, der bis 60% erreicht, und seiner hohen Energie-
konzentration. Pro Quadratzentimeter könnte ein Halbleiterlaser
nämlich die ungeheure Leistung von 10 kW ausstrahlen; er müßte
freilich hierzu von einem Gleichstrom von 10000 A durchflossen
werden.

Leider stehen diese Zahlen vorläufig nur auf dem Papier, da
die wirksame Fläche tatsächlich ausgeführter Halbleiterlaser noch
kaum einen tausendstel Quadratzentimeter überschreitet, was
einen Strombedarf von etwa 10 A und eine Strahlungsleistung
von etwa 10 W ergibt. Wieweit der Halbleiterlaser für die verschiedensten Pläne, die man mit der Laserstrahlung verfolgt, eingesetzt werden kann und in welchen Bereichen er sich den anderen
Laserarten überlegen zeigen wird, kann also nur die Zukunft er-
weisen.